Reviews and critical articles covering the entire field of normal anatomy (cytology, histology, cyto- and histochemistry, electron microscopy, macroscopy, experimental morphology and embryology and comparative anatomy) are published in Advances in Anatomy, Embryology and Cell Biology. Papers dealing with anthropology and clinical morphology that aim to encourage co-operation between anatomy and related disciplines will also be accepted. Papers are normally commissioned. Original papers and communications may be submitted and will be considered for publication provided they meet the requirements of a review article and thus fit into the scope of "Advances". English language is preferred, but in exceptional cases French or German papers will be accepted.

It is a fundamental condition that submitted manuscripts have not been and will not simultaneously be submitted or published elsewhere. With the acceptance of a manuscript for publication, the publisher acquires full and exclusive copyright for all languages and countries.

Twenty-five copies of each paper are supplied free of charge.

Advances in Anatomy
Embryology and Cell Biology

Vol. 66

Hans-Martin Schmidt

Die Artikulationsflächen der menschlichen Sprunggelenke

Mit 45 Abbildungen

Springer-Verlag
Berlin Heidelberg New York 1981

Dr. med. Dr. med. habil. Hans-Martin Schmidt
Anatomisches Institut der Universität Würzburg
Koellikerstr. 6
D-8700 Würzburg

ISBN-13: 978-3-540-10306-6 e-ISBN-13: 978-3-642-67777-9
DOI: 10.1007/978-3-642-67777-9

CIP-Kurztitelaufnahme der Deutschen Bibliothek. Schmidt, Hans-Martin: Die Artikulationsflächen der menschlichen Sprunggelenke/Hans-Martin Schmidt. – Berlin, Heidelberg, New York: Springer, 1980. (Advances in anatomy, embryology and cell biology; Vol. 66), ISBN 3-540-10306-6 (Berlin, Heidelberg, New York) ISBN 0-387-10306-6 (New York, Heidelberg, Berlin).

Composition: Schreibsatz-Service Weihrauch, Würzburg

2121/3321-543210

Inhaltsverzeichnis

Danksagungen

Für wertvolle Anregungen sowie sachliche und methodische Hinweise möchte ich Herrn Prof. Dr. Eduard Amtmann in freundschaftlicher Verbundenheit aufrichtig danken.

Herrn Universitätszeichner Roman Hippéli danke ich für die sorgfältige Ausführung der graphischen Darstellungen sehr herzlich.

1 Einleitung

Die Sprunggelenke des Menschen sind auffallend gestaltete Bewegungseinrichtungen an der Abknickungszone des Fußes gegen den Unterschenkel. Sie unterstützen einerseits die aufrechte Körperhaltung und dienen andererseits der ungehinderten Fortbewegung unter normalen Körpergewichtsbelastungen. Neben der Übertragung der Körperschwere auf das Fußskelett dient das *obere* Sprunggelenk vor allem dem ungestörten Gehen und Laufen. Im Zusammenwirken mit den sich nach distal fortsetzenden, straff geführten Gelenkformationen der subtalaren Fußplatte erweitert das *untere* Sprunggelenk den Bewegungsspielraum des menschlichen Fußes, ohne die Festigkeit der Skelettverbindungen zu beeinträchtigen. Dadurch wird eine leichte Anpassung des Fußes an die Unebenheiten der Bodenfläche ermöglicht, um vor allem die Sicherung einer aufrechten Körperhaltung zu gewährleisten.

Morphologische Veränderungen des Fußskeletts erwarb der Mensch durch Umwandlungen eines Greif- oder Kletterfußes in einen Stand- und Lauffuß während der Evolution (Weidenreich 1921). Als Folgen der Orthoskelie und Bipedie treten nun an den Artikulationsflächen beider Sprunggelenke Form- und Funktionswandlungen besonders deutlich in Erscheinung.

Das Skelettgefüge beider Sprunggelenke sowie ihre Funktionen wurden aus dieser Erkenntnis heraus bereits seit längerer Zeit ausführlich untersucht und diskutiert. Umfassende Abhandlungen anthropologischer Probleme standen zahlreichen Arbeiten der vergleichenden und beschreibenden Anatomie gegenüber. Quantitative Ergebnisse wurden in früheren Jahren jedoch unter Anwendung methodisch unterschiedlicher Meßverfahren erarbeitet. Die somit zum Teil voneinander abweichenden Befunde führten schließlich zu widersprüchlichen Deutungen von Aufbau und Funktion menschlicher Sprunggelenksysteme und erschwerten unnötigerweise das Verständnis der natürlichen Fußbewegungen.

Im anatomischen Schrifttum wurde bislang den Beschreibungen der *Trochlea tali* und der *subtalaren* Gelenkkörper sehr viel mehr Platz eingeräumt als Abhandlungen über die *supratalaren* Gelenkstrukturen. Aufgrund dieser zunächst überraschenden Feststellung sind in der vorliegenden Arbeit einheitliche Ergebnisreihen aufgeführt, um die Morphologie aller Artikulationsflächen der menschlichen Sprunggelenke möglichst gleichwertig zu erfassen.

Zum großen Teil war dies nur durch Einführung neuer Meßgrößen möglich, die zum ersten Mal von uns verwendet wurden. Im einzelnen sind alle wesentlichen anatomischen Merkmale sowohl der Stütz- als auch der Führungsflächen genauer beschrieben worden. Meßgrößen an den Gelenkstrukturen wurden anthropometrisch bestimmt, mit Hilfe variationsstatistischer Methoden wurden Mittelwerte, Abweichungen vom Mittel, Seitendifferenzen, Unterschiede zwischen Mazerations- und Feuchtpräparaten sowie lineare Zusammenhänge zwischen ausgewählten Bezugsgrößen errechnet. Geschlechtsunterschiede konnten nur an den Gelenkflächen der beiden Unterschenkelknochen festgestellt werden.

Außerdem führten wir erstmalig umfassende Untersuchungen über das Krümmungsverhalten der einzelnen Sprunggelenkflächen durch. Auf der Grundlage einer neuen Abformmethode, die auch auf andere Gelenkregionen übertragbar ist, gelang es nicht nur, ausführliche Hinweise über die Raum- und Profilgestaltung der korrespondierenden Gelenkkörper zu erhalten, sondern auch deren Variabilität genauer zu überprüfen. Die Ergebnisse der Krümmungsanalysen sollen zum einen die bisherigen Darstellungen der deskriptiven oder angewandten Anatomie ergänzen und vervollständigen, zum anderen werden sie von uns als Arbeitsgrundlage für praktisch-klinische Untersuchungen vorgeschlagen.

Durch die in unserer Zeit ständig zunehmenden Unfallverletzungen wird das schnellere Erkennen von traumatischen oder degenerativen Veränderungen an Knorpelstrukturen, besonders an den Gelenkformationen der unteren Extremität, immer notwendiger. Daher können unsere Meßergebnisse und Krümmungsanalysen als Grundlagenwerte bei Untersuchungen an den Sprunggelenken in der Unfallchirurgie oder Orthopädie herangezogen werden.

2 Material und Methoden

Für unsere Untersuchungen an den Sprunggelenkflächen standen rechte und linke, montierte Unterschenkel- und Fußskelette sowie einzelne, mazerierte Fußwurzelknochen von Erwachsenen ohne Altersangaben aus der Sammlung des Anatomischen Instituts Würzburg in unterschiedlicher Zahl zur Verfügung. Zum Vergleich von Gelenkflächenmerkmalen zwischen Mazerations- und Feuchtpräparaten wurden weitere Messungen an unteren Extremitäten durchgeführt, die durch übliche Verfahren für Präparierkurszwecke konserviert worden waren. Die Feuchtpräparate wurden männlichen und weiblichen Individuen im Alter zwischen 21 und 97 Jahren entnommen. Insgesamt erfolgten 105 Messungen, die nach ihren Merkmalen untenstehend aufgelistet sind. Als Meßinstrumente standen Stechzirkel, Gleitzirkel mit Nonius, Ansteckgoniometer (nach Mollison), Höhenmesser (nach Davenport) sowie ein Riedsches Knochenmeßbrett zur Verfügung. Die standardisierte anthropologische Meßtechnik nach Martin u. Saller (1957) diente als exakte Grundlage der Meßdurchführung. Soweit möglich, wird in der folgenden Übersicht auf die von Martin angegebenen Meßstrecken und Winkel durch Ziffernkennzeichnung verwiesen.

Übersicht über die verwendeten Maße

I. Mazerations- und Feuchtpräparate

A. Tibia, vgl. Martin u. Saller (1957), S. 572 und 573

1. Ganze Länge (M_1)
2. Größte Länge (M_{1a})
3. Länge der Tibia (M_{1b})
4. Größte distale Epiphysenbreite der Tibia, untere Breite (M_6)
5. Sagittaler Durchmesser der unteren Epiphyse (M_7)
6. Länge der Facies articularis inferior (malleolar)
7. Länge der Facies articularis inferior (Mitte)
8. Länge der Facies articularis inferior (fibular)
9. Breite der Facies articularis inferior (vorn)
10. Breite der Facies articularis inferior (Mitte)
11. Breite der Facies articularis inferior (hinten)
12. Größte Tiefe der Facies articularis inferior
13. Größte Breite der Facies articularis malleoli
14. Größte Höhe der Facies articularis malleoli
15. Größte Breite der Incisura fibularis
16. Größte Höhe der Incisura fibularis
17. Größte Tiefe der Incisura fibularis

B. Fibula, vgl. Martin u. Saller (1957), S. 576

18. Größte Länge (M_1)
19. Untere Epiphysenbreite ($M_{4(2)}$)
20. Untere sagittale Epiphysenbreite ($M_{4\,2a)}$)
21. Größte Breite der Facies articularis malleoli
22. Größte Höhe der Facies articularis malleoli
23. Abknickung der distalen Fläche der Facies articularis malleoli nach lateral
24. Höhe der Abknickung der distalen Fläche der Facies articularis malleoli (vom proximalen Rand gemessen)

C. Talus, vgl. Martin u. Saller (1957), S. 578

25. Länge (M_1)
26. Breite (M_2)
27. Höhe (Medial)
28. Höhe (Mitte M_6)
29. Höhe (lateral)
30. Länge der Trochlea tali (M_4)
31. Breite der Trochlea tali (M_5)
32. Hintere Trochleabreite ($M_{5(1)}$)
33. Vordere Trochleabreite ($M_{5(2)}$)
34. Höhe der Facies malleolaris medialis
35. Breite der Facies malleolaris medialis
36. Höhe der Facies malleolaris lateralis
37. Ganze Breite der Facies malleolaris lateralis (M_7)
38. Länge der Basis der Facies articularis intermedia anterior
39. Länge der medialen Sehne der Facies articularis intermedia anterior
40. Länge der lateralen Sehne der Facies articularis intermedia anterior
41. Länge der Basis der Facies articularis intermedia posterior
42. Länge der medialen Sehne der Facies articularis intermedia posterior
43. Länge der lateralen Sehne der Facies articularis intermedia posterior

(Die Maße 38 bis 43 konnten nur am Feuchtmaterial bestimmt werden.)

44. Länge des Collum tali
45. Breite des Collum tali
46. Länge des Caput tali (M_9)
47. Breite des Caput tali (M_{10})
48. Länge der Facies articularis calcanea posterior (M_{12})
49. Breite der Facies articularis calcanea posterior (M_{13})
50. Tiefe der Facies articularis calcanea posterior (M_{14})
51. Länge der Facies articularis calcanea media
52. Breite der Facies articularis calcanea media
53. Länge der Facies articularis calcanea anterior
54. Breite der Facies articularis calcanea anterior
55. Länge der Facies articularis navicularis
56. Breite der Facies articularis navicularis
57. Ablenkungswinkel der Facies articularis calcanea posterior (M_{15})
58. Ablenkungswinkel des Collum tali (M_{16})
59. Torsionswinkel des Caput tali (M_{17})
60. Winkel zwischen den Längsachsen der Facies articularis calcanea posterior und Facies articularis media
61. Winkel zwischen den Längsachsen der Facies articularis calcanea media und Facies articularis calcanea anterior

(Die Maße 57 bis 61 konnten nur an mazerierten Tali ermittelt werden).

II. Mazerationspräparate

D. Calcaneus, vgl. Martin u. Saller (1957), S. 582

62. Größte Länge des Calcaneus (M_1)
63. Mittlere Breite des Calcaneus (M_2)

64. Sustentaculumbreite des Calcaneus
65. Kleinste Breite des Calcaneus (M_3)
66. Höhe des Calcaneus (M_4)
67. Länge des Corpus calcanei (M_5)
68. Länge der Facies articularis talaris posterior (M_9)
69. Breite der Facies articularis talaris posterior (M_{10})
70. Höhendifferenzen zwischen medialem und lateralem Gelenkflächenrand
71. Länge der Facies articularis talaris media
72. Breite der Facies articularis talaris media
73. Höhendifferenzen zwischen vorderem und hinterem Gelenkflächenrand
74. Länge der Facies articularis talaris anterior
75. Breite der Facies articularis talaris anterior
76. Ablenkungswinkel der Facies articularis posterior (M_{14})
77. Winkel zwischen den Längsachsen der Facies articularis talaris posterior und Facies articularis talaris media
78. Winkel zwischen den Längsachsen der Facies articularis talaris media und Facies articularis talaris anterior

E. Os naviculare, vgl. Martin u. Saller (1957), S. 585

79. Breite des Os naviculare (M_1)
80. Höhe des Os naviculare (M_2)
81. Größte Länge der Facies articularis posterior (M_3)
82. Breite der Facies articularis posterior (M_4)
83. Tiefe der Facies articularis posterior (M_5)
84. Kleinste Dicke des Os naviculare (M_7)
85. Größte Dicke des Os naviculare (M_8)

III. Feuchtpräparate

F. Malleolengabel

86. Frontaler Durchmesser der Malleolengabel (außen)
87. Frontaler Durchmesser der Malleolengabel (innen)
88. Größte Breite der Malleolengabel außen (parallel zur unteren Breite der Tibia)
89. Höhendifferenzen zwischen den Spitzen des tibialen und des fibularen Malleolus
90. Höhe des Recessus tibiofibularis
91. Breite des Recessus tibiofibularis

IV. Messungen an Gelenkabdrücken (Mazerations- und Feuchtpräparate)

G. Articulatio talocruralis

92. Krümmungsradien an der Facies articularis inferior tibiae (parallel zur größten Länge)
93. Abknickungswinkel zwischen Facies articularis inferior tibiae und der Facies articularis malleoli tibiae
94. Abknickungswinkel zwischen Facies articularis inferior tibiae und Facies articularis malleoli fibulae
95. Krümmungsradien der Facies superior trochlea tali (parallel zur größten Länge)
96. Abknickungswinkel zwischen der Facies superior trochlea tali und der Facies malleolaris medialis
97. Abknickungswinkel zwischen Facies superior trochlea tali und der Facies malleolaris lateralis

H. Articulatio subtalaris

98. Krümmungsradien der Facies articularis calcanea posterior tali (parallel zur größten Länge)
99. Krümmungsradien der Facies articularis calcanea posterior tali (parallel zur größten Breite)
100. Krümmungsradien der Facies articularis talaris posterior calcanei (parallel zur größten Länge)
101. Krümmungsradien der Facies articularis talaris calcanei (parallel zur größten Breite)

I. Articulatio talocalcaneonavicularis

102. Krümmungsradien der Facies articularis navicularis tali (parallel zur größten Länge)
103. Krümmungsradien der Facies articularis navicularis tali (parallel zur größten Breite)

104. Krümmungsradien der Facies articularis posterior ossis navicularis (parallel zur größten Länge)
105. Krümmungsradien der Facies articularis posterior ossis navicularis (parallel zur größten Breite)

Die statistische Auswertung der Meßergebnisse erfolgte nach Angaben von Linder (1960), Weber (1961), Amtmann E u. Amtmann R (1965), Amtmann u. Schmitt (1968), Arnold u. Lang (1969), Haseloff u. Hoffmann (1970), Sachs (1975) und Schmidt u. Dahm (1977) mit Hilfe eines Calculator HEWLETT-PACKARD 9810A. Die Rechenprogramme wurden der Sammlung statistischer Berechnungen HEWLETT-PACKARD Calculator 9810A Stat Pac Vol. No. 1 (1973) entnommen und auf Magnetkarten übertragen.

Die wichtigsten Ergebnisse unserer statistischen Berechnungen sind in 32 Tabellen[1] zusammengestellt worden. Sie umfassen neben der Angabe der jeweiligen Stichprobe den arithmetischen Mittelwert ($\bar{x}$), die Variationsbreite, die Standardabweichung, den mittleren Fehler des Mittelwertes und Prüfgrößen der t-Verteilung.

Von ausgewählten Meßreihen wurden außerdem modifizierte DICE-LERAAS-Diagramme (Simpson et al. 1960) angefertigt, um die Ergebnisse umfangreicherer Berechnungen deutlicher hervorheben zu können. Die Diagramme sind nach Amtmann E u. Amtmann R (1965) in folgender Weise zu interpretieren (Abb. 1):

1. Wenn das Vertrauensintervall einer Stichprobe den beobachteten Mittelwert einer anderen Stichprobe *umschließt*, ist der Unterschied der Stichprobenmittel *nicht* gesichert.
2. Wenn die Vertrauensintervalle zweier Stichproben annähernd gleich groß sind und sich *eindeutig nicht* überdecken, ist der Unterschied in den Mittelwerten gesichert.
3. Wenn der Abstand der Mittelwerte dem größten der beiden Vertrauensintervalle *gleichkommt* oder *größer* ist, ist der Unterschied zwischen den Mittelwerten gesichert.

Abb. 1. DICE-LERAAS-Diagramm. Senkrechter Mittelstrich = arithmetischer Mittelwert $\bar{x}$; horizontaler Strich = Standardvariationsbreite $\bar{x} \pm 3{,}24$ s; unausgefülltes Rechteck = $\bar{x} \pm s$; ausgefülltes Rechteck = $\bar{x} \pm 2s / \sqrt{n}$ (= Vertrauensintervall 95%)

Die graphischen Darstellungen wurden zur Vereinfachung und besseren Übersicht mit Symbolen, für Mazerationspräparate mit dem Zeichen □ und für Feuchtpräparate mit dem Zeichen #, versehen.

In den nachfolgenden Textbeschreibungen der einzelnen Meßgrößen sind nur die arithmetischen Mittelwerte sowie die zugehörige Standardabweichung (±s) angegeben.

Außerdem wurden von ausgewählten Mazerations- und Feuchtpräparaten mit Hilfe von elastomerem Abformmaterial auf Silikonkautschukbasis (OPTOSIL, Fa. Bayer, Leverkusen), an allen Gelenkflächen beider Sprunggelenke naturgetreue Formabdrücke hergestellt. Der üblicherweise in der Zahnprothetik verwendete Kunststoff besitzt nach Angaben der Herstellerfirma eine elastische Deformation von 2,53%, eine bleibende Verformung von 1,34% und eine Dimensionsstabilität von 0,13%. Formveränderungen sind somit gering. Dadurch gestattet das Abformmaterial Gelenkflächenuntersuchungen mit außerordentlich geringer Meßfehlerquote.

Von den Gelenkabdrücken wurden mit Hilfe eines in Abb. 2 dargestellten Schneidegerätes in vorher durch Lageorientierung festgelegter Richtung 5 mm dicke Schnitte hergestellt. Die Gelenkflächenumrisse ließen sich entweder mit Stempeltusche abdrücken oder wurden mit einem feinen Bleistift exakt nachgezeichnet. Das Ablesen der Krümmungsradien erfolgte mit Hilfe vorgefertigter standardisierter Kreisumrisse, die auf durchsichtige Zeichenfolie aufgetragen worden waren. Durch die Untersuchung der Oberflächenkonturen nach exakter Zerlegung des Abformmaterials OPTOSIL in vorher festgelegten Schnittrichtungen ergeben sich zahlreiche Möglichkeiten, korrespondierende Gelenkflächen unmittelbar zu vergleichen.

---

[1] Urlisten und Tabellen werden im Anatomischen Institut Würzburg aufbewahrt. Interessenten stehen diese Tabellen als Kopien zur Verfügung und können beim Verfasser angefordert werden.

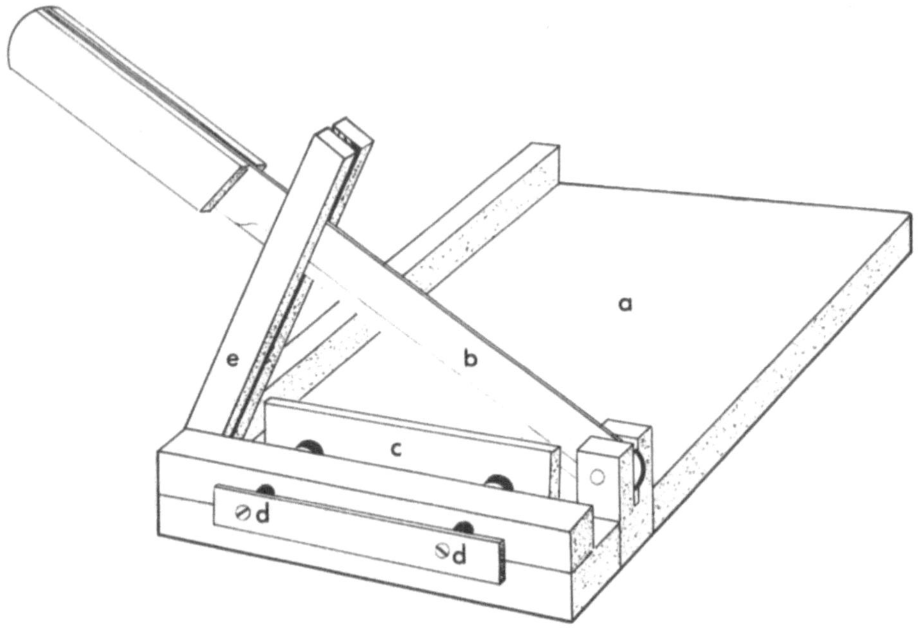

Abb. 2. Schematische Darstellung eines Schneidegerätes für elastomere Silikonkautschukabdrücke. a = Auflagefläche; b = Schneidemesser; c = Andrückplatte; d = Schrauben zur Veränderung der Schnittdicke; e = Messerführung

3 Ergebnisse

3.1 Oberes Sprunggelenk

[Articulatio talocruralis und Syndesmosis (Articulatio) tibiofibularis]

3.1.1 Terminologie

Die beiden vertikal gegeneinander versetzten, annähernd gleich langen Unterschenkelknochen Tibia und Fibula bilden an der Unter- und Innenseite ihrer distalen Epiphysen Artikulationsflächen, die den Talus mit korrespondierenden Gelenkabschnitten gabelartig zwischen sich fassen. An der Tibia unterscheidet man die *Facies articularis inferior* und die an der Innenseite des Malleolus medialis gelegene *Facies articularis malleoli* (Abb. 3). Im klinischen Sprachgebrauch wird nach einem Vorschlag von Gay u. Evrard (1963) für die distalen gelenktragenden Anteile der Tibia der dem Französischen entlehnte Ausdruck „pilon tibial" bevorzugt.

Fibular befindet sich ebenfalls an der Innenseite des Malleolus lateralis die gleichnamige *Facies articularis malleoli* (Abb. 3).

Die distalen Skelettelemente der beiden Unterschenkelknochen sind durch die *Syndesmosis tibiofibularis* miteinander verheftet. Die Fibula ist dabei in der *Incisura fibularis* der Tibia zunächst knöchern fixiert und durch starke tibiofibulare Bänder sowie die Membrana interossea cruris zusätzlich lagegesichert. Die supratalare Kammer

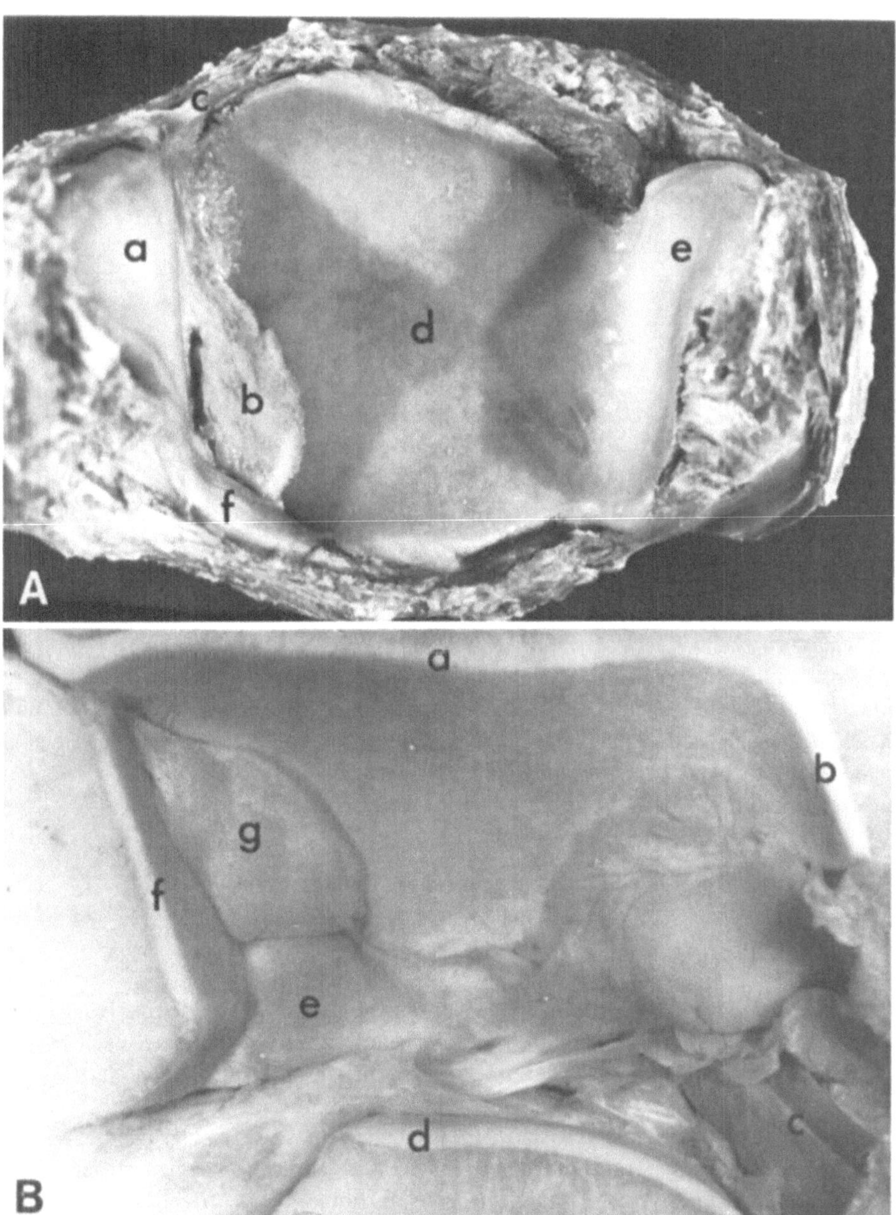

Abb. 3. A. Distale tibiale und fibulare Gelenkflächen des oberen Sprunggelenkes. Feuchtpräparat. Norma verticalis. Rechts. a = Facies articularis malleoli fibulae; b = Plica synovialis tibiofibularis; c = Ligamentum tibiofibulare anterius; d = Facies articularis inferior tibiae; e = Facies articularis malleoli tibiae; f = Ligamentum tibiofibulare posterius, B. Nische in der hinteren Sprunggelenkregion, sichtbar nach Herauslösen des Talus. Frontalschnitt. 90 Jahre ♂. a = Schnittkante der Facies articularis inferior tibiae; b = Schnittkante der Facies articularis malleoli tibiae; c = Sehne des Musculus flexor hallucis longi; d = Schnittfläche der Facies articularis talaris posterior calcanei; e = Ligamentum tibiofibulare posterius; f = Schnittkante der Facies articularis malleoli fibulae; g = Plica synovialis tibiofibularis

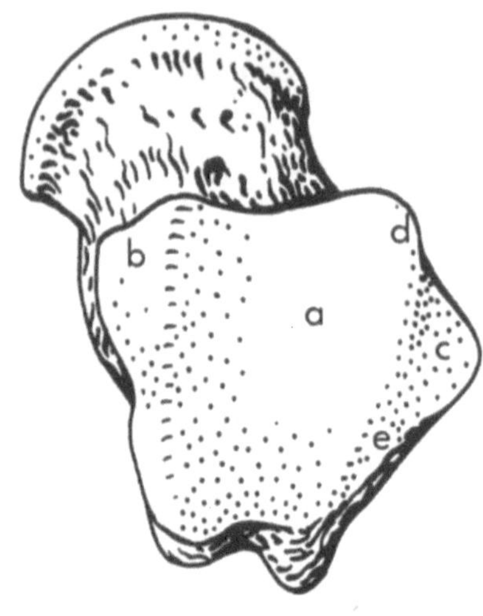

Abb. 4. Talus. Trochlea tali. Norma verticalis. Rechts. a = Facies superior; b = Facies malleolaris medialis; c = Facies malleolaris lateralis; d = Facies articularis intermedia anterior; e = Facies articularis intermedia posterior

des oberen Sprunggelenkes setzt sich in einen unterschiedlich weiten und hohen Spaltraum, *Recessus tibiofibularis,* fort. Normalerweise frei von Gelenkknorpel, wird er von einer unterschiedlich stark entwickelten Plica synovialis ausgefüllt (Abb. 3).

Das Sprungbein wendet dem Rollendach und den Knöchelwangen die *Trochlea tali* zu, deren drei Hauptabschnitte *Facies superior, Facies malleolaris medialis* und *Facies malleolaris lateralis* benannt werden (Abb. 4). Zwei weitere kleinere Gelenkflächen der Trochlea tali, *Facies articularis intermedia anterior* und *posterior,* werden entsprechend ihrer Lage und Form im nachfolgenden Text näher erläutert.

3.1.2 Größen- und Formverhältnisse der oberen Sprunggelenkflächen

3.1.2.1 Tibia

Die *Facies articularis inferior* stellt in der Norma verticalis eine vierseitige Fläche dar, deren Ränder unregelmäßig verlaufen. Vorder- und Hinterrand weichen nach fibular ein wenig auseinander, so daß der mediale Flächenabschnitt schmaler, der laterale breiter erscheint.

Im Mittelteil durchzieht ein schwach erhabener First die in sagittaler Richtung konkave Gelenkfläche. Fibular ist die Randzone ein wenig nach innen eingebuchtet und knickt im rechten Winkel gegen die Incisura fibularis ab. An der Innenseite des Malleolus medialis ist sie dagegen stumpfwinklig abgebogen und geht sowohl in der Sagittalen als auch in der Frontalen unter konkaver Krümmung in die kommaförmige *Facies articularis malleoli* über.

Facies articularis inferior

Länge (Abb. 5). Die Facies articularis inferior ist in ihrem mittleren Abschnitt am längsten. Das arithmetische Mittel aller untersuchten distalen Tibiagelenkflächen ergab, mit Ausnahme des weiblichen Untersuchungsgutes (= 25,8 mm), eine Länge von etwas mehr als 28 mm. Das entspricht 71% des sagittalen Durchmessers der unteren

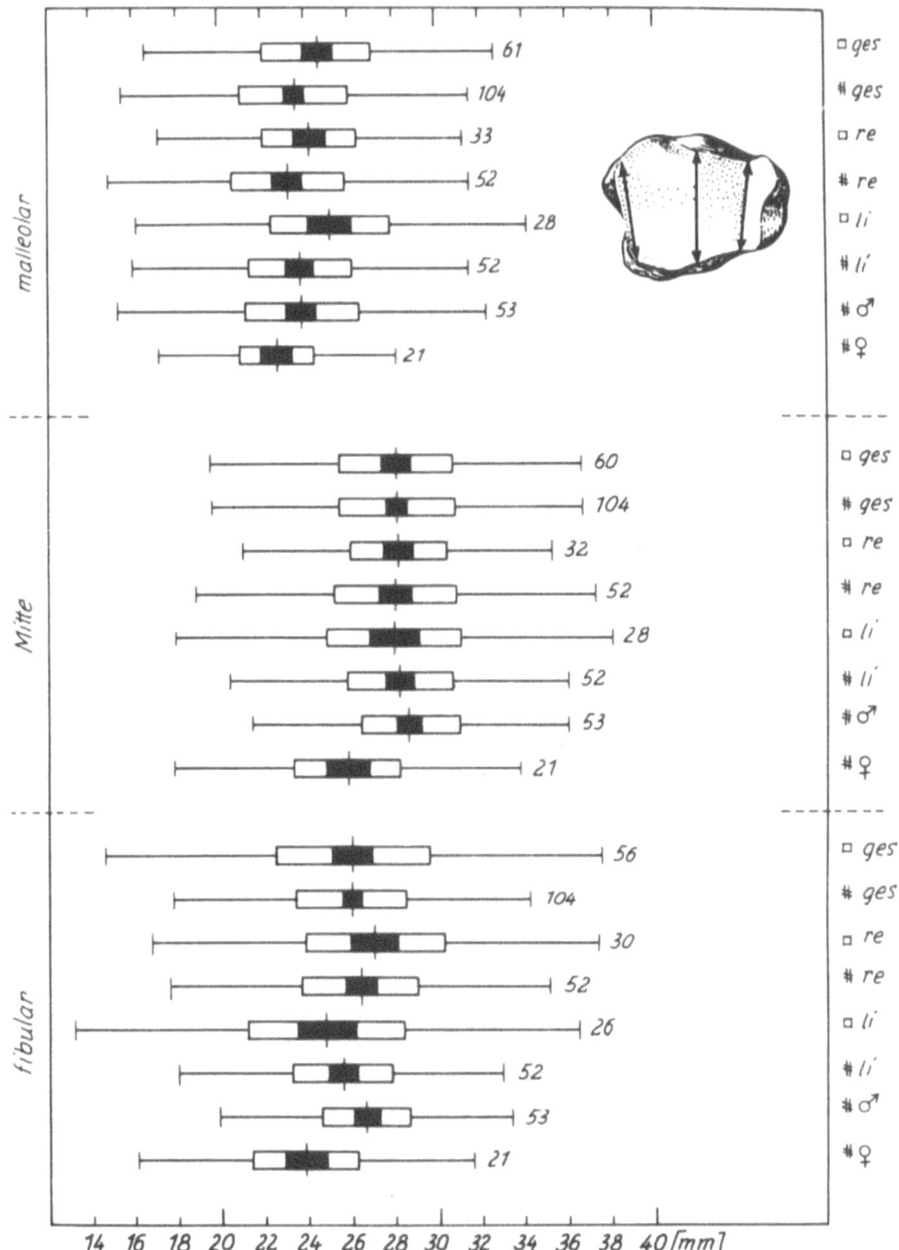

Abb. 5. Tibia. Facies articularis inferior. Malleolare, mittlere und fibulare Länge. Demonstration von Abweichungen zwischen Mazerations- (□) und Feuchtmaterial (#), Seitendifferenzen sowie Geschlechtsunterschieden. Die Ziffern neben den DICE-LERAAS-Symbolen geben die jeweilige Stichprobe (n) an

Epiphyse. Rechts-Links-Unterschiede sind zwar rechnerisch nachzuweisen, aber statistisch nicht gesichert.

Malleolar wurden für die Facies articularis inferior die geringsten mittleren Längenwerte errechnet, da Vorder- und Hinterrand der Gelenkflächen unter mäßiger Konvergenz auf die Knöchelgelenkflächen zulaufen. Im Gegensatz zur Mittelzone schwanken dagegen in diesem Gebiet die mittleren Werte etwas stärker. Außerdem ist die größte Länge der Mazerations- gegenüber den Feuchtpräparaten auffallend. Da die Vertrauensintervalle der beiden Gesamtstichproben im DICE-LERAAS-Diagramm (Abb. 5) die Mittelwerte nicht überdecken, ist der Unterschied statistisch gesichert.

Rechts-Links-Unterschiede zugunsten größerer Längen der mazerierten Präparate sind zwar ebenfalls nachweisbar, liegen jedoch außerhalb der Sicherheitsgrenzen. Fibular gibt es in der Gesamtheit keinen Längenunterschied zwischen Mazerations- und Feuchtmaterial.

Während rechts die mittlere Länge der mazerierten Präparate größer ist, überwiegt dagegen links die der Feuchtpräparate. Eine ausreichende Sicherung ist allerdings statistisch nicht vorhanden.

Bei den Feuchtpräparaten lassen sich erkennbare Geschlechtsunterschiede bei allen drei Längenmessungen nachweisen. Malleolar differieren die Mittelwerte zwar nur um 1,17 mm zugunsten der männlichen Stichprobe. Im Mittelabschnitt und fibular ist dagegen der Geschlechtsunterschied der Längenwerte zugunsten der männlichen Stichproben wesentlich höher.

Mit Hilfe von Korrelations- und Regressionsberechnungen läßt sich ein linearer Zusammenhang zwischen dem sagittalen Durchmesser der distalen Tibiaepiphyse und der mittleren Länge der Facies articularis inferior ermitteln (Abb. 6). Dieser Zusammenhang besagt, daß ein Anstieg mittlerer Längenwerte der unteren Tibiagelenkfläche

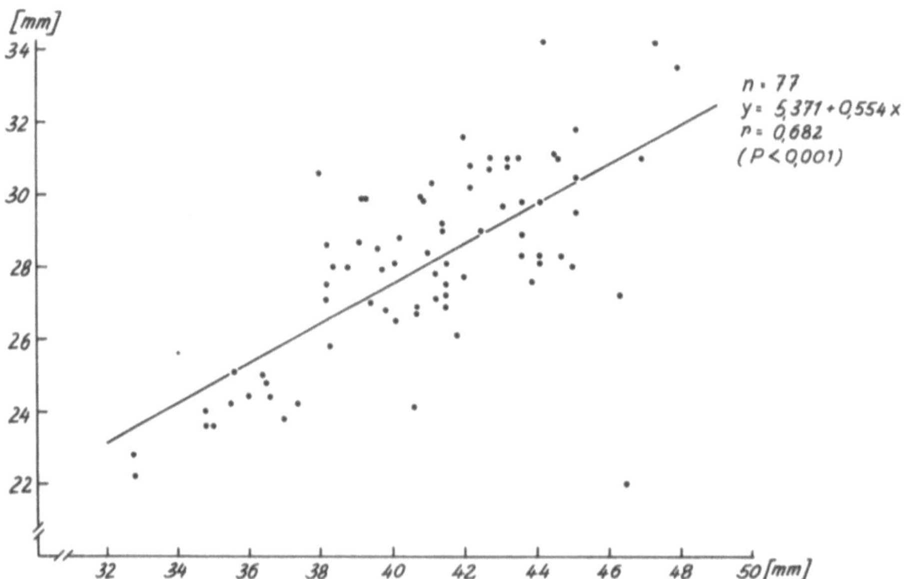

Abb. 6. Tibia. Feuchtmaterial. Zusammenhang zwischen dem sagittalen Durchmesser der distalen Tibiaepiphyse (Abszisse) und der mittleren Länge der Facies articularis inferior (Ordinate)

von der gleichzeitigen Zunahme des sagittalen Epiphysendurchmessers abhängig ist. Der Korrelationskoeffizient r = 0,682 ist signifikant von Null unterschieden (P < 0,001).

Breite (Abb. 7). Die Breite der Facies articularis inferior nimmt von vorn nach hinten kontinuierlich ab. Die vordere Meßstrecke ist wiederum bei den mazerierten Präpara-

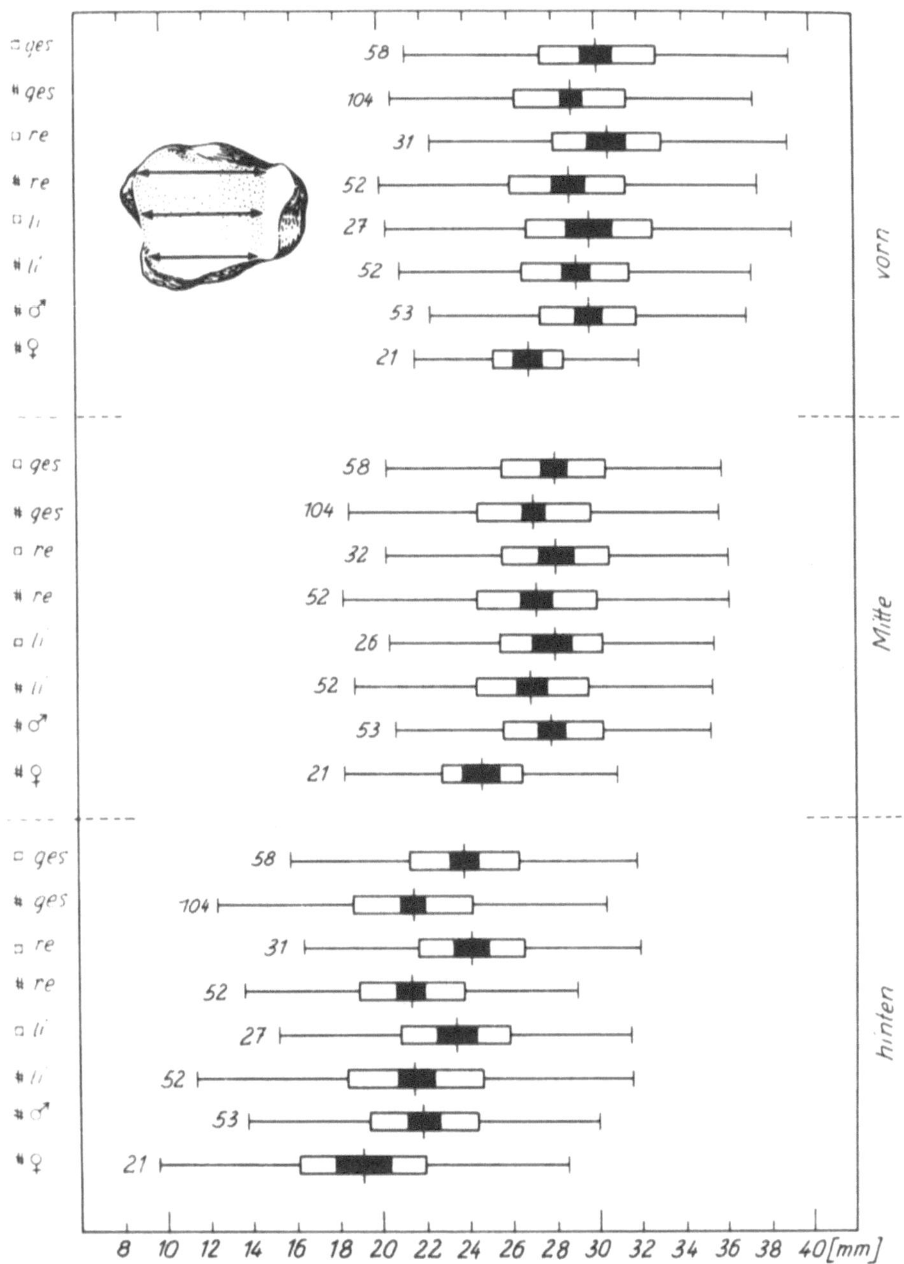

Abb. 7. Tibia. Facies articularis inferior. Vordere, mittlere und hintere Breite

ten länger als bei den Feuchtpräparaten. Da die Vertrauensintervalle im DICE-LERAAS-Diagramm sowohl in beiden Gesamt- als auch in beiden rechten Stichproben annähernd gleich groß sind und sich nicht überdecken, ist der Unterschied zwischen Mazerations- und Feuchtpräparaten signifikant. Links liegt rechnerisch beim arithmetischen Mittel zwar ebenfalls ein erkennbarer Unterschied vor, der nach den Gesetzmäßigkeiten der DICE-LERAAS-Diagramme aber nicht als ausreichend gesichert angesehen werden kann.

Die rechnerisch ermittelte mittlere Breite aller Stichproben entspricht 56% der distalen Epiphysenbreite. Im Mittelabschnitt der Facies articularis inferior variieren die arithmetischen Mittelwerte weniger stark. Die Mazerationspräparate weisen bei der mittleren Breite durchweg höhere Werte auf als die Feuchtpräparate.

Alle Mittelwerte der Stichproben der mazerierten Präparate sind wesentlich größer als die der Feuchtpräparate. Die Unterschiede in den Mittelwerten sind insgesamt gesichert.

Bei den drei Breitenmeßstrecken lassen sich ebenfalls auffällige Geschlechtsunterschiede erkennen. Die mittleren Breiten beim männlichen Untersuchungsgut unterscheiden sich von denen des weiblichen durch erheblich größere Werte.

Die Breite der Facies articularis inferior besitzt im Mittelabschnitt (Abb. 8) eine lineare Abhängigkeit von der größten distalen Epiphysenbreite der Tibia (untere Breite). Es ist statistisch erwiesen, daß bei Zunahme der unteren Breite die mittlere Breite der Facies articularis inferior ebenfalls anwächst ($r = 0{,}557$, $P < 0{,}001$).

Tiefe (Abb. 9). Mit Hilfe 2 mm starker Kupferdrähte wurde parallel zur Länge im Mittelabschnitt die Tiefe der Facies articularis inferior gemessen. Im Mittel liegt der tiefste Punkt der unteren Tibiagelenkfläche etwas mehr als 4 mm unter dem Niveau der bei-

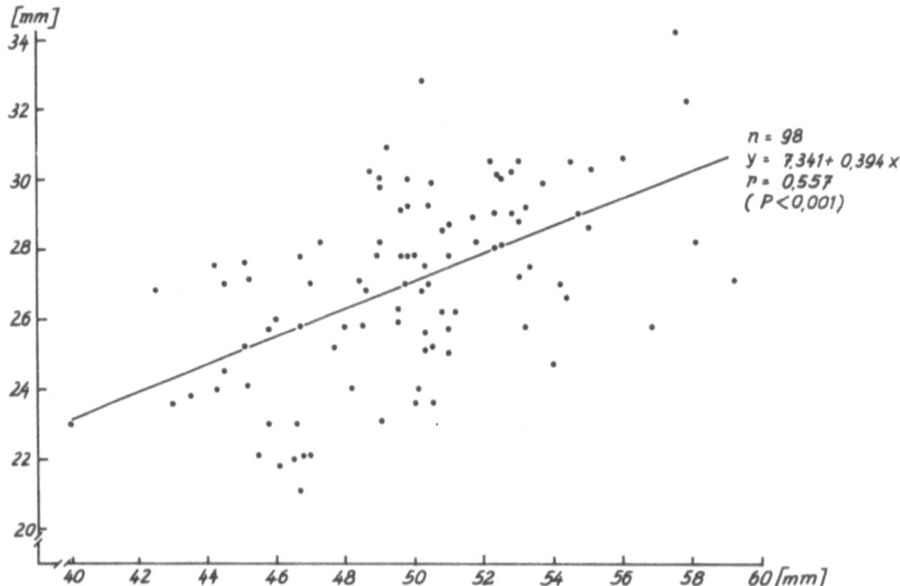

Abb. 8. Tibia. Feuchtmaterial. Zusammenhang zwischen dem frontalen Durchmesser (= untere Breite) der distalen Tibiaepiphyse (Abszisse) und der mittleren Breite der Facies articularis inferior (Ordinate)

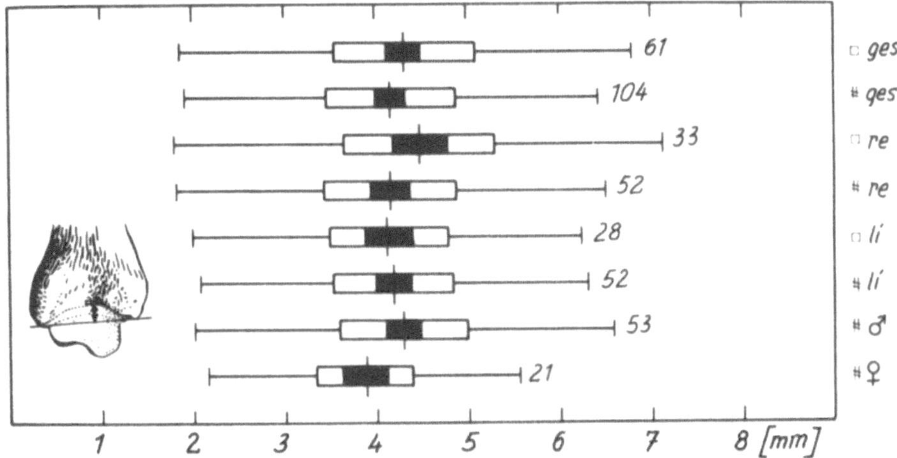

Abb. 9. Tibia. Facies articularis inferior. Tiefe

den Seitenränder. In der Gesamtstichprobe und rechts überwiegen mit höheren Mittelwerten geringfügig die Mazerationspräparate, während links das arithmetische Mittel der Feuchtpraparate großer ist als beim mazerierten Material. Ein Geschlechtsunterschied ist zugunsten größerer männlicher Werte nachgewiesen.

Facies articularis malleoli (Abb. 10)

Die Spitze des tibialen Knöchels weicht im Mittel 13,3 (±2,5) mm von der Basis der Facies articularis malleoli nach medial ab. Die daraus resultierende Abwinklung der Knöchelwange gegenüber dem Rollendach wird bei der Besprechung der Krümmungsprofile (s. 3.1.3) erläutert.

Breite. Die größte Breite der tibialen Knöchelgelenkfläche schwankt um ein Mittel von 23,6 mm. In der Gesamtstichprobe ist kein signifikanter Unterschied zwischen mazerierten und feuchten Präparaten feststellbar. Die Mittelwerte liegen rechts geringfügig unterhalb, links dagegen ein wenig oberhalb der mittleren Breite. Der Rechts-Links-Unterschied ist statistisch auf dem 0,05%-Niveau gesichert. Der Geschlechtsdimorphismus ist bei der größten Breite der tibialen Knöchelgelenkfläche sehr stark ausgeprägt. Das arithmetische Mittel der männlichen Stichprobe differiert um 2 mm gegenüber dem des weiblichen Untersuchungsguts.

Höhe. Das mazerierte Material fällt sowohl in der Gesamtstichprobe als auch im Rechts-Links-Vergleich durch größere mittlere Höhen auf (□ 16,5 mm; # 15,5 mm).

Gesichert ist nach Deutung der DICE-LERAAS-Diagramme der Unterschied jedoch nur im Vergleich der Gesamtheiten und in den linken Stichproben. Rechts liegt keine ausreichende Sicherung vor.

Ein Geschlechtsunterschied ist auch bei den Höhenmessungen festzustellen. Die rechnerischen Differenzen in den Mittelwerten zugunsten einer größeren Höhe beim männlichen Untersuchungsgut sind auffallend.

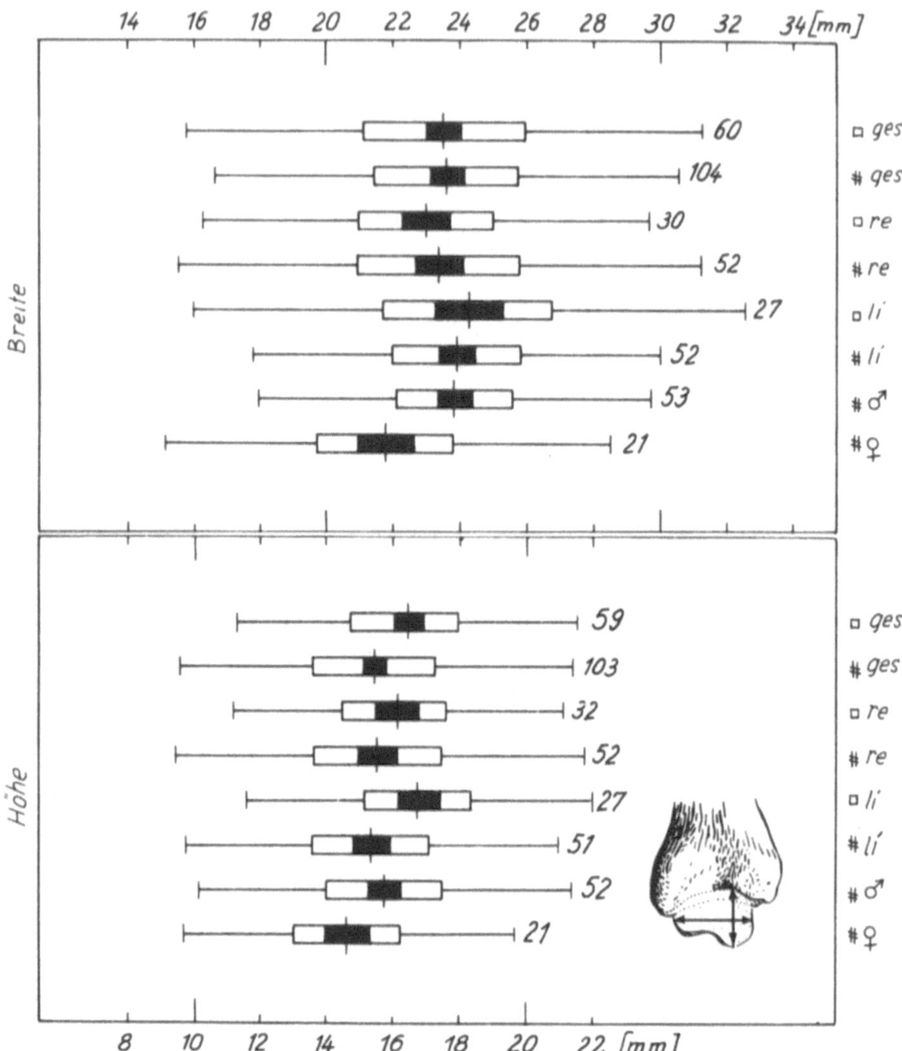

Abb. 10. Tibia. Facies articularis malleoli. Breite und Höhe

3.1.2.2 Fibula

Die *Facies articularis malleoli* bildet die seitliche Knöchelwange (Abb. 3) und ist von den distalen Tibiagelenkflächen durch einen unterschiedlich weiten Spaltraum des Recessus tibiofibularis getrennt. Dieser Spalt ist bis auf wenige Ausnahmen von einem dreiseitig begrenzten, synovialen Fettkörper ausgefüllt. Dessen Impression ist auf den Kunststoffabdrücken deutlich zu erkennen, da er zum Teil unterschiedlich weit in die obere Sprunggelenkhöhle hineinragt.

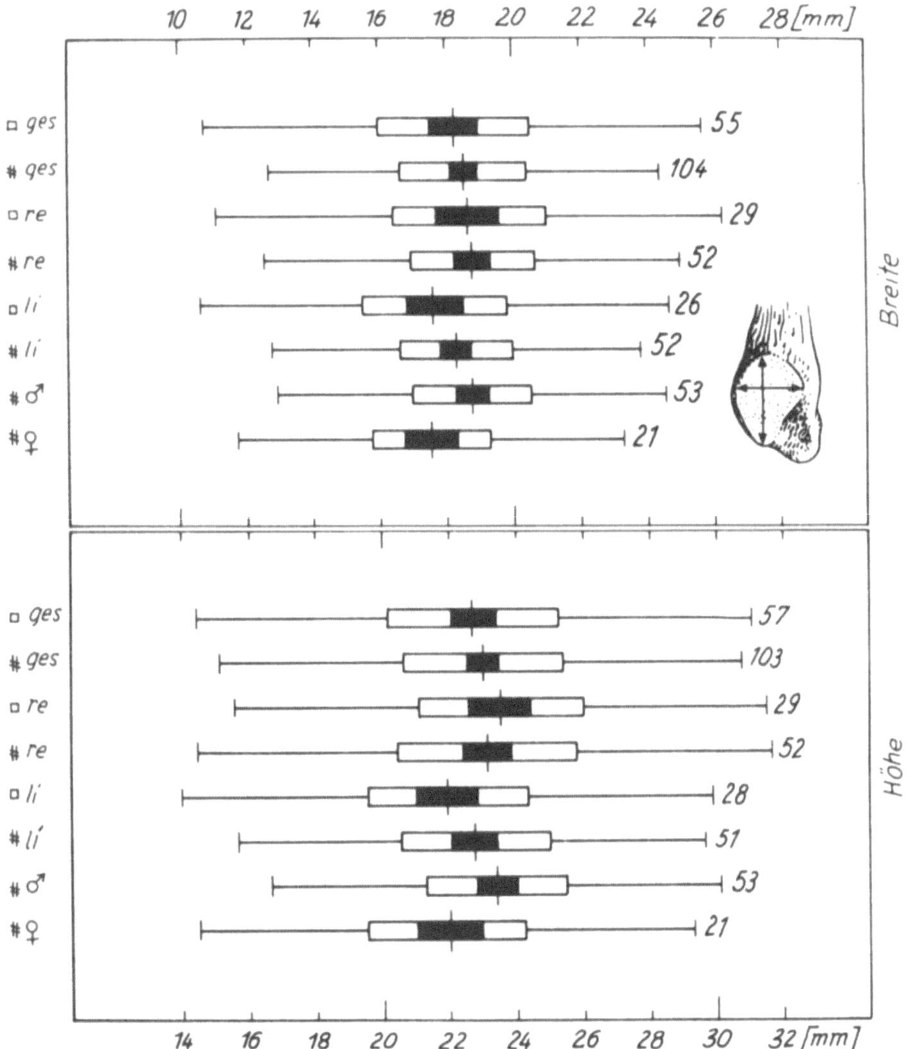

Abb. 11. Fibula. Facies articularis malleoli. Breite und Höhe

Facies articularis malleoli (Abb. 11)

Sie besitzt in ihrem Mittelteil eine nach lateral weisende Abknickung. Die Spitze der fibularen Knöchelgelenkfläche weicht im Mittel 5,0 (± 1,9) mm von der Vertikalen ab. Die Winkelabweichung gegenüber der Bezugsbasis am Rollendach wird in 3.1.3 abgehandelt.

Breite. An der fibularen Knöchelgelenkfläche beträgt die größte Breite im Mittel 18,4 mm. Im Vergleich der Gesamtstichproben ist mit 0,33 mm ein sehr geringer Unterschied zu erkennen. Im Seitenvergleich schwanken die Breitenwerte unregelmäßig um den Mittelwert. Auch hier überwiegt die Breite der Mazerationspräparate. Ein gesicherter Seitenunterschied ist jedoch nicht feststellbar.

Dagegen ist die mittlere Breite beim männlichen Untersuchungsgut mit 1,2 mm deutlich größer als beim weiblichen.

Höhe. Die größte Höhe der Facies articularis malleoli beträgt im Mittel 22,84 mm. In der Gesamtstichprobe ist der Unterschied zwischen mazerierten und feuchten Präparaten sehr gering (0,2 mm). Im Seitenvergleich schwanken die Mittelwerte unregelmäßig. Signifikante Unterschiede waren jedoch nicht zu erkennen. Ebenso wie bei der Breite der fibularen Gelenkfläche, ist jedoch auch bei der Höhe der Extrembereich der Mazerationspräparate durchweg größer als bei den Feuchtpräparaten.

Die mittleren Höhenwerte der männlichen Untersuchungsgruppen unterscheiden sich von denen der weiblichen durch die Mittelwertdifferenzen von 1,4 mm.

Vergleicht man die tibiale mit der fibularen Knöchelgelenkfläche, dann ist außer den nicht deckungsgleichen Flächenumrissen ein weiterer, sehr wesentlicher Unterschied festzustellen. Die Facies articularis malleoli tibiae besitzt einen mittleren Breiten-Höhen-Index von 67,4, d.h. sie ist breitenbetont. Der entsprechende Index an der distalen fibularen Gelenkfläche beträgt dagegen im Mittel 124,2 und ist somit höhenbetont. Damit ergeben sich Vergleichsmöglichkeiten zu den korrespondierenden Gelenkflächen der Trochlea tali, auf die später noch eingegangen wird.

3.1.2.3 Malleolengabel

An skelettierten Feuchtpräparaten wurde die äußere Breite im Mittel mit 67,4 (± 4,9) mm zwischen den am weitesten nach medial bzw. nach lateral ausladenden Außenflächen der Malleolen bestimmt. Zwischen den nach distal weisenden Spitzen der Facies articularis malleoli beiderseits wurde ein äußerer frontaler Durchmesser von 47,0 (± 3,7) mm im Mittel errechnet.

Der innere frontale Durchmesser ist um etwa 2/5 kleiner als der äußere. Er beträgt im Mittel 28,4 (± 2,2) mm und ist aus folgenden Strecken zusammengesetzt: mittlere Breite der Facies articularis inferior tibial plus mittlere Breite des Spaltraumes des Recessus tibiofibularis.

Die Höhendifferenz zwischen den Knöchelspitzen beträgt im Mittel 1,26 (± 0,43) mm, d.h. der mediale Knöchel endet beim aufrechten Stand des Menschen wesentlich höher als der laterale.

3.1.2.4 Syndesmosis tibiofibularis

Diese distale Skelettverbindung zwischen Tibia und Fibula stellt eine Bandhafte dar, die durch das Ligamentum tibiofibulare anterius et posterius sowie der Membrana interossea cruris eine besonders straffe Zügelung erhält.

Die Fibula ist in einer dreieckig begrenzten Vertiefung an der distalen Außenfläche der Tibia, Incisura fibularis, gegen sagittale und vertikale Verschiebungen weitgehend gesichert.

Die *Incisura fibularis* ist im Mittel etwa 23 mm breit und 4,5–5,0 mm tief. Nach proximal verstreichen ihre beiden konvergierenden Knochenleisten und gehen schließlich in den Margo interosseus über. Zwischen dem freien medialen Rand der Facies articularis inferior und dem Zusammenschluß der knöchernen Begrenzungslinie der Incisura fibularis läßt sich eine mittlere Höhe von 30 mm abgreifen.

Der *Recessus tibiofibularis* als eine proximale Fortsetzung der supratalaren Gelenkkammer besitzt an den Feuchtpräparaten eine größte Breite von 23,2 (± 2,53) mm und ein größte Höhe von 9,2 (± 2,75) mm im Mittel.

Das Ligamentum *tibiofibulare anterius* und *Ligamentum tibiofibulare posterius* unterscheiden sich in ihrer Länge und Breite nur wenig. Beide Bandsysteme sind hinsichtlich ihrer Ausdehnung und Befestigung fast identisch. Dagegen ist das hintere Band wesentlich dicker als das vordere. Der Unterschied beträgt mehr als 2 mm, bei einer mittleren Dicke des Ligamentum fibiofibulare anterius von 4,0 (± 1,14) mm gegenüber 6,34 (± 1,13) mm beim Ligamentum tibiofibulare posterius. Prüfstatistisch ist der Dickenunterschied hoch signifikant ($P < 0{,}001$).

3.1.2.5 Talus

Im Vergleich der Längen- und Breitenmaße des Sprungbeines wurden für das Feuchtmaterial wesentlich höhere Werte als bei den mazerierten Knochen errechnet. Die Unterschiede betragen im Mittel bei den Längenwerten 2,84 (± 53,82 und ± 56,66) mm und bei den Breitenwerten sogar 4,47 (± 39,90 und ± 44,37) mm. Im Seitenvergleich waren dagegen ebenso wie bei den Unterschenkelknochen keine signifikanten Unterschiede festzustellen. Geschlechtsunterschiede konnten wegen fehlender Angaben nicht bestimmt werden.

Die Höhe des Talus wurde an 3 Meßpunkten festgestellt (Abb. 12). Medial ist der Talus am höchsten und in der Mitte der Facies superior der Trochlea tali am niedrigsten. Der laterale Rand steht etwas mehr als 1 mm tiefer als die mediale Kante. Die sich daraus ergebenden Niveauunterschiede der Trochlea tali werden am Ende dieses Kapitels beschrieben.

Trochlea tali

Facies superior (s. Abb. 4). Der auf Papierebene projizierte Flächenumriß der Trochlea tali läßt 4 regelmäßig vorkommende, unterschiedlich große Areale erkennen. Bei etwa 30% feuchtpräparierter Sprungbeinrollen findet man eine 5. akzessorische Berührungsfläche. Die größte Fläche stellt die *Facies superior* dar, die keine axialsymmetrische Figur aufweist, da sie medial der Trochlealängsachse flächenkleiner ist als lateral.

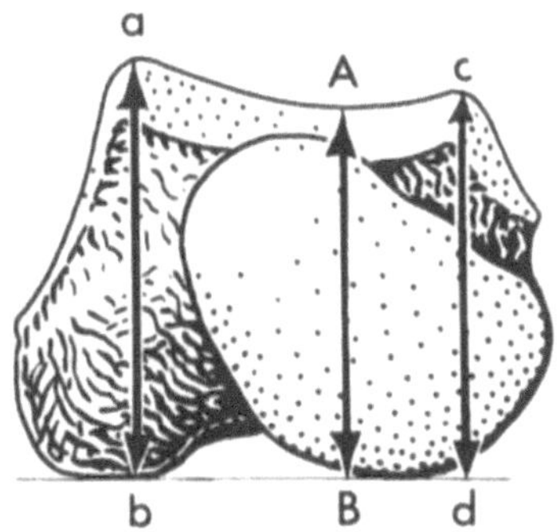

Abb. 12. Talus. Ansicht von vorn. Meßlinien zur Bestimmung der Höhen der medialen und lateralen Rollenkante sowie des tiefsten Punktes der Konkavität der Facies superior. ab = Höhenmeßlinie lateral; cd = Höhenmeßlinie medial; AB = Meßlinie zur Bestimmung des tiefsten Punktes der Facies superior

Vorne ist sie gegen das Collum tali entweder glatt begrenzt oder läuft geschwungen aus. Die knorpelbedeckte Fläche verstreicht hinten gegen den Sulcus musculi flexoris hallucis longi. In einigen Fällen findet sich jedoch eine wenige Millimeter hohe Stufe zum Processus posterior tali. Parallel zur Fußlängsachse ist die Facies superior konvex, senkrecht dazu leicht konkav gekrümmt. Die Tragfläche der Sprungbeinrolle läßt außerdem eine nach medial geöffnete bogenförmige Führungsnute erkennen, in welcher der korrespondierende First der distalen Tibiagelenkfläche gleitet (s. Abb. 24).

Die *größte Länge* der Facies superior beträgt an den mazerierten Tali im Mittel 33,82 (± 3,27) mm. Durch die Knorpelauflage vergrößert sich die mittlere Länge bei den Feuchtpräparaten auf 35,61 (± 2,88) mm. Das entspricht in beiden Stichproben etwa 63% der Faluslänge (Abb. 13).

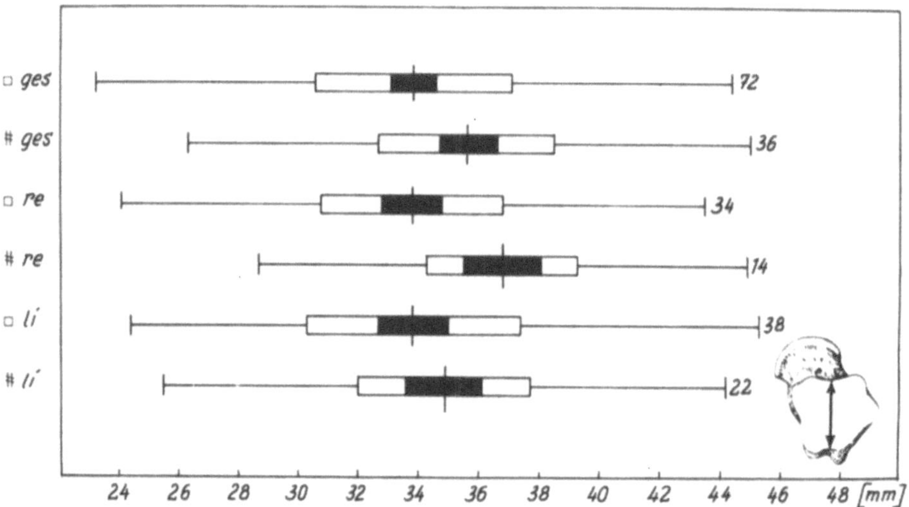

Abb. 13. Talus. Trochlea tali. Länge

Die *größte Breite* der Facies superior dehnt sich seitlich der Trochlealängsachse stärker aus. Die lateralen Flächenanteile sind damit größer als die zur Mitte weisenden. Während die Facies superior bei den Feuchtpräparaten vorne 29,93 (± 1,85) mm breit ist, beträgt die *größte Breite* im Mittelabschnitt 30,46 (±2,21) mm. Das entspricht etwa 60% der größten Talusbreite. Nach dorsal wird die obere Rollenfläche etwa um ein Drittel schmaler gegenüber vorn. Im Mittel errechnete sich eine Breite von 21,03 (± 3,33) mm. Seitenunterschiede sind gesetzmäßig weder für die Länge noch für die drei Breitenmessungen abzuleiten. Die mazerierten Sprungbeine ließen überhaupt keine gesicherten Rechts-Links-Differenzen für Länge und Breiten der Facies superior erkennen. Dagegen ist beim Feuchtmaterial rechts die Trochlealänge signifikant vergrößert ($P < 0{,}05$).

Während vordere und mittlere Breite bei den Feuchtpräparaten keine gesicherten Seitenunterschiede zeigen, ist die hintere Rollenbreite rechts auf dem 1%-Niveau der Sicherung von denen der linken Seite unterschieden (Abb. 14).

Länge und mittlere Breite der Trochlea tali sind linear abhängig von der Taluslänge und Talusbreite. Mit dem Ansteigen dieser beiden Hauptmaße des Sprungbeines ist

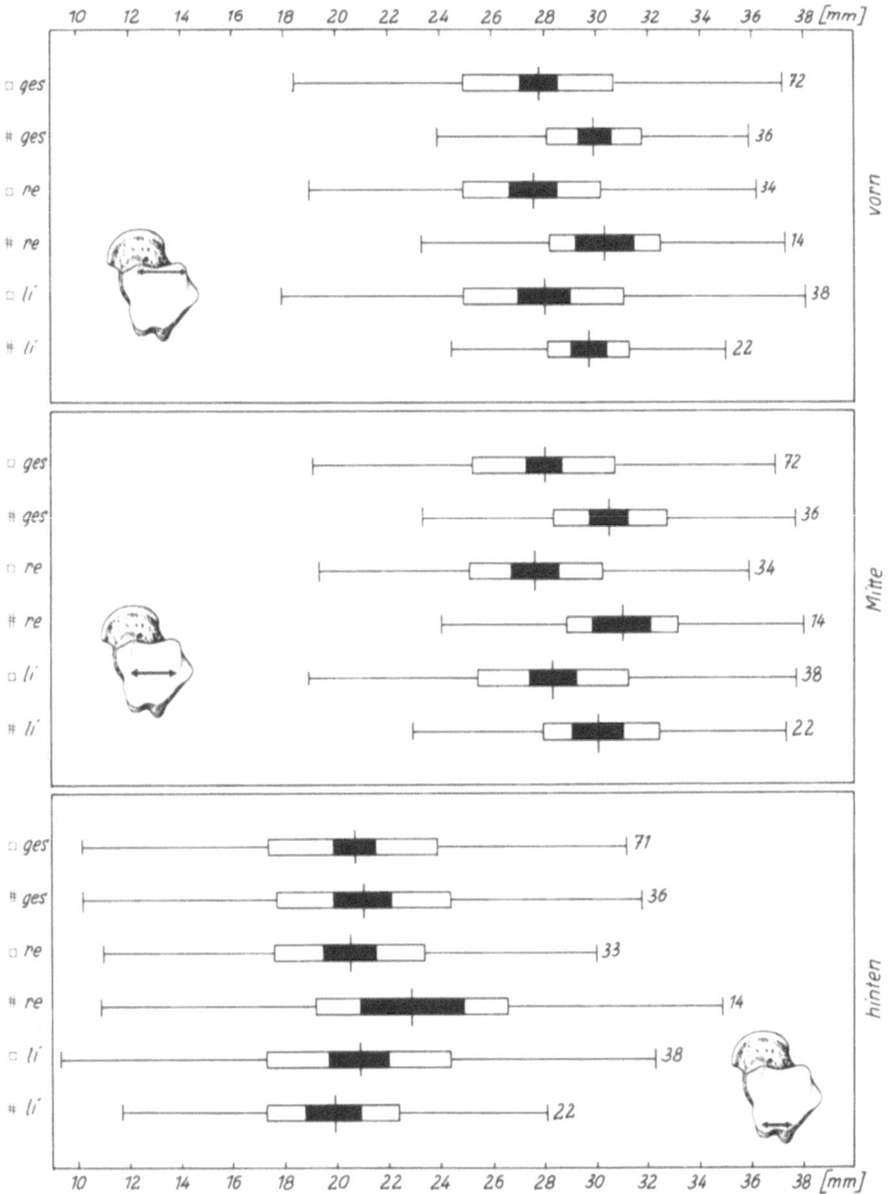

Abb. 14. Talus. Trochlea tali. Vordere, mittlere und hintere Breite

eine Vergrößerung der Gelenkflächenmaße verbunden. Die korrelationsstatistischen Berechnungen ergaben eine hohe Signifikanz bei einer Irrtumswahrscheinlichkeit von jeweils 0,1% (Abb. 15A, B).

Facies malleolaris lateralis (Abb. 16)

Die annähernd vertikal stehende, nach innen konkav gekrümmte *Facies malleolaris lateralis* stellt die zweitgrößte Gelenkfläche der Trochlea tali dar. In der Flächenprojek-

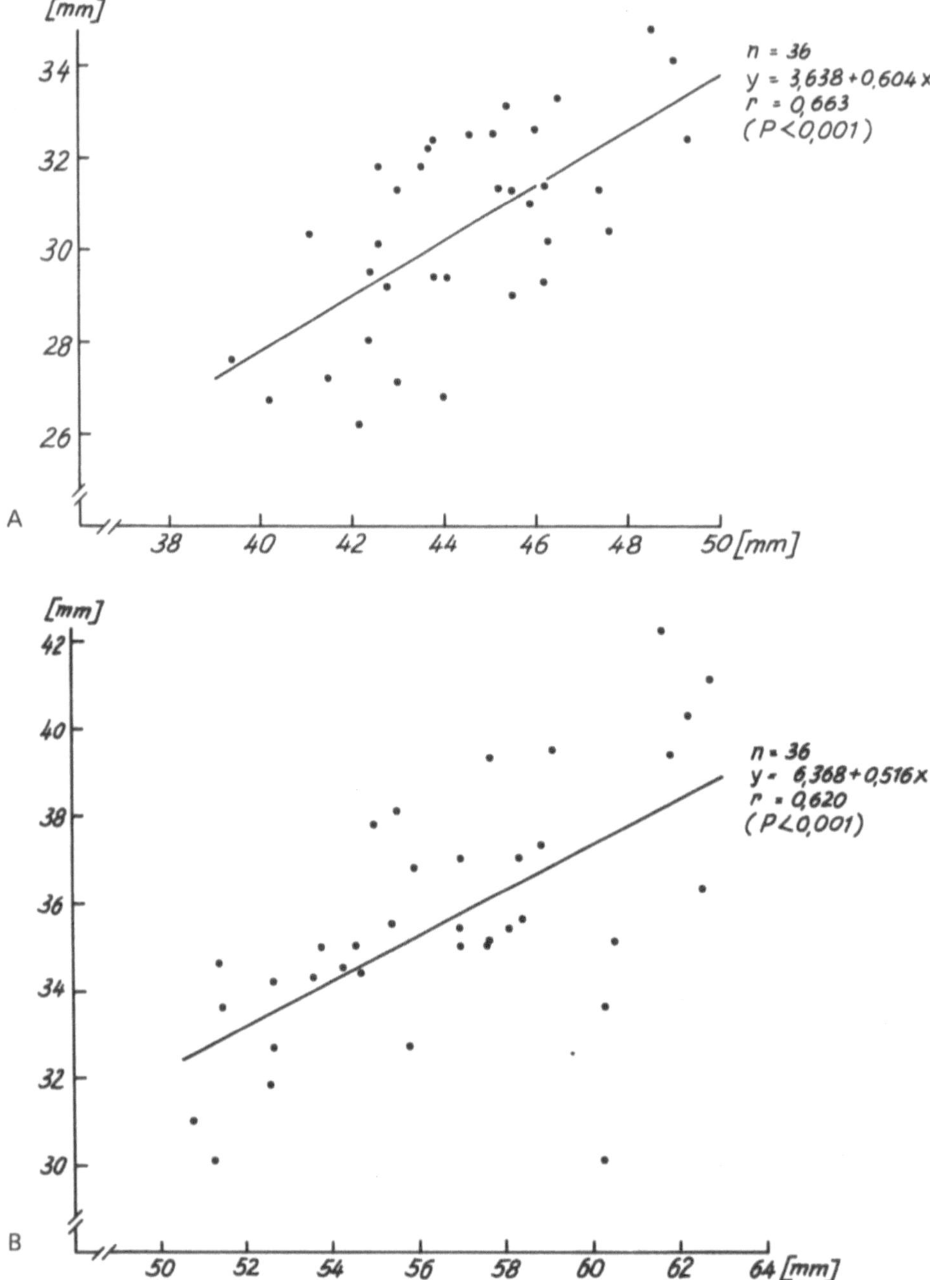

Abb. 15 A, B. Talus. Feuchtmaterial. A. Zusammenhang zwischen der größten Länge des Talus (Abszisse) und der mittleren Länge der Trochlea tali (Ordinate), B. Zusammenhang zwischen der mittleren Breite des Talus (Abszisse) und der mittleren Breite der Trochlea tali (Ordinate)

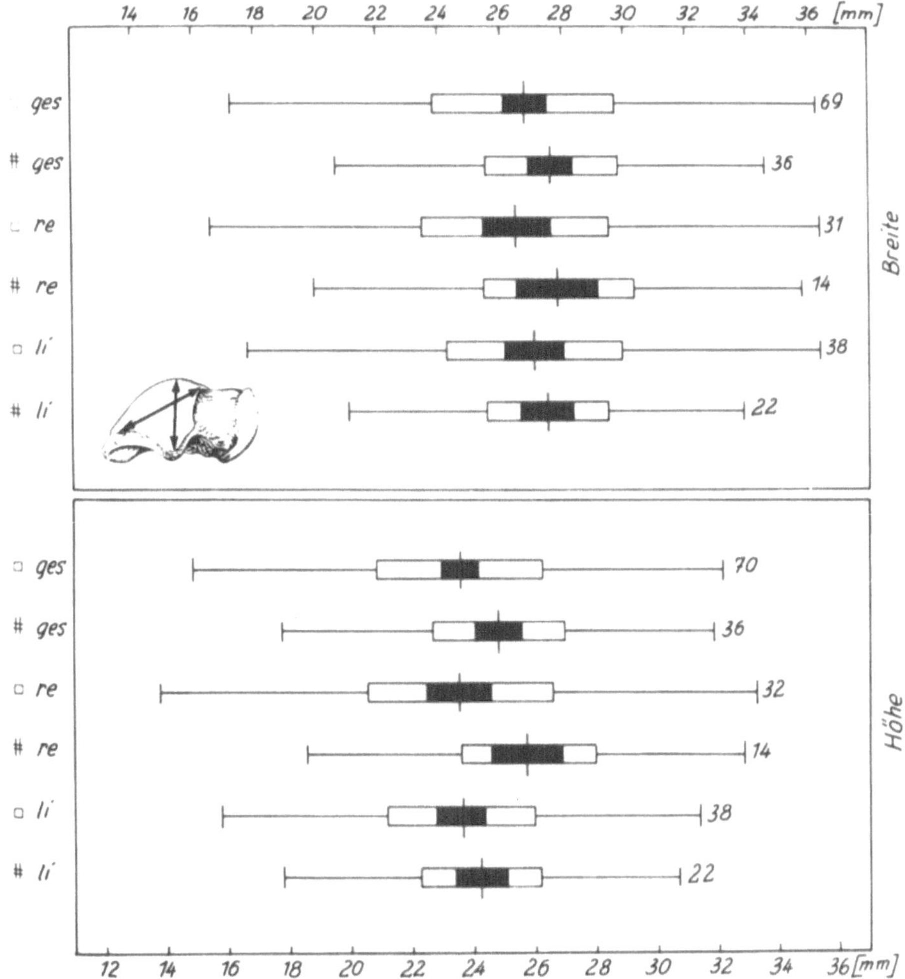

Abb. 16. Talus. Facies malleolaris lateralis. Breite und Höhe

tion erscheint sie, grob gesehen, dreieckig mit abgerundeten Ecken. Die nach oben weisende „Basis" des Dreiecks ist als seitliche Rollenkante konkav gekrümmt und geht fast rechtwinklig in die Facies superior über.

Höhe. Die *mittlere Höhe* der seitlichen Rollengelenkfläche beträgt beim Feuchtmaterial 24,85 (± 2,17) mm und ist damit um etwa 1 mm höher als an mazerierten Tali (24,85 ± 2,67 mm). Das entspricht 72% der seitlichen Talushöhe.

Breite. Die *mittlere Breite* der Facies malleolaris lateralis ist um 10% größer als die mittlere Höhe. Die knorpelbedeckten seitlichen Rollengelenkfächen messen in ihrer Breite 27,61 (± 2,16) mm, mazerierte 26,78 (± 2,95) mm. Diese Werte entsprechen etwa 49% der Taluslänge.

Seitendifferenzen ließen sich nur bei den Höhenwerten der feuchtpräparierten Tali berechnen. Auf dem Niveau der 5%-Sicherung liegt rechtsseitig eine signifikante Vergrößerung vor.

Facies malleolaris medialis (Abb. 17)

Sie gleicht in ihrem Umriß einem liegenden Komma, das stumpfwinklig gegen die Facies superior abgeknickt ist. Der „Kommabauch" liegt vorn am Übergang zum Collum tali.

Höhe. Hier wurde die *größte Höhe* ermittelt. Sie beträgt am Feuchtmaterial 15,37 (± 1,66) mm, an den Mazerationspräparaten 13,67 (± 2,26) mm und entspricht 43% der medialen Talushöhe. Die Ränder der medialen Rollengelenkfläche konvergieren nach dorsal und verstreichen am Hinterrand der Facies superior.

Breite. Die *mittlere Breite* beträgt mehr als das Doppelte des Höhenwertes. Beim Feuchtmaterial wurde eine mittlere Breite von 32,03 (± 2,71) mm und beim mazerierten Material ein Wert von 28,04 (± 3,78) mm bestimmt. Die Prüfgrößen bei der Berechnung der Seitenunterschiede ermöglichen folgende Aussagen: Die mediale Rollengelenkfläche weist bei den mazerierten Sprungbeinen weder in Höhe noch in Breite

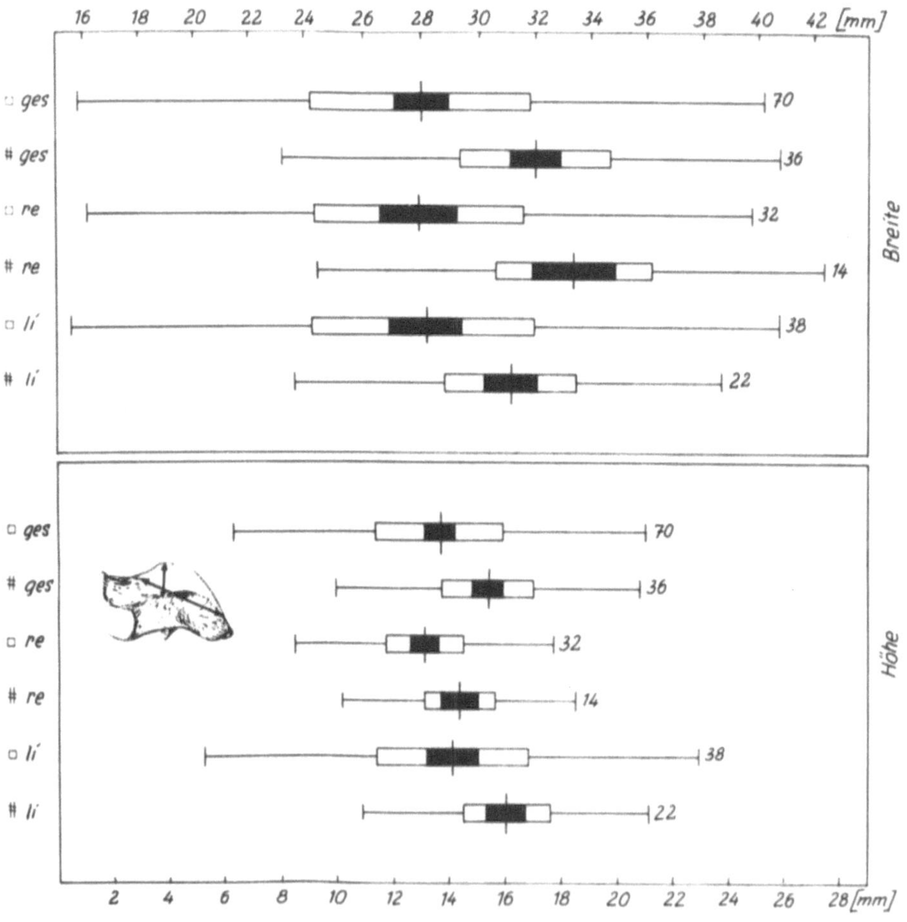

Abb. 17. Talus. Facies malleolaris medialis. Breite und Höhe

eine gesicherte Rechts-Links-Differenz auf. Beim Feuchtmaterial dagegen ist der linke Höhenwert auf dem Niveau der 1%-Sicherung größer als der rechte, während rechts der Breitenwert signifikant vergrößert ist ($P < 0{,}01$). Die Berechnungen der Breiten-Höhen-Indizes medialer und lateraler Rollengelenkflächen des Talus ergaben im Vergleich zu den korrespondierenden Gelenkflächen an Tibia und Fibula eine stärkere Breitenbetonung des Facies malleolaris medialis, hingegen eine schwächere Höhenbetonung der Facies malleolaris lateralis.

Akzessorische Gelenkfacetten

Zwischen Facies superior und Facies malleolaris lateralis befindet sich an der Rückseite der Trochlea tali eine kleine, seitlich schräg geneigte und dreieckig begrenzte Fläche. Das bei Dorsal- und Plantarflexion über die Trochlea schleifende Ligamentum tibiofibulare posterius läßt die von Fawcett (1895) erstmals beschriebene Facette entstehen. In Abwandlung einer von Pfitzner (1896) vorgeschlagenen Benennung bezeichnen wir sie als *Facies articularis intermedia posterior,* die an allen feuchtpräparierten Sprungbeinen vorkommt (s. Abb. 4).

In 87% der mazerierten Tali ist sie ebenfalls nachweisbar. Die Basis dieser akzessorischen Trochleagelenkfläche ist gegen den Processus posterior tali gerichtet und weist eine mittlere Breite von 11,13 (± 2,32) mm auf. Laterale und mediale Facettenkanten erscheinen gekrümmt; ihre Sehnenlängen betragen medial 24,58 (± 3,31) mm und lateral 19,15 (± 2,63) mm.

In etwa 30% der feuchtpräparierten Sprungbeine läßt sich auch am vorderen Abschnitt der Trochlea tali eine kleinere, ebenfalls dreieckige Knorpelfläche zwischen Facies superior und Facies malleolaris lateralis nachweisen. Da das Ligamentum tibiofibulare anterius diesem Bereich aufliegt, wird die Facette sinngemäß als *Facies articularis intermedia anterior* beschrieben (s. Abb. 4). Die Dreieckbasis ist im Mittel 5,84 (± 0,78) mm breit. Die beiden Kanten sind ebenfalls leicht gekrümmt und weisen medial eine Sehnenlänge von 16,34 (± 1,62) mm auf. Die laterale Sehne ist mit 14,94 (± 1,74) mm etwas kürzer.

Niveauunterschiede der Trochlea tali

Aus den drei Talushöhenmessungen lassen sich Niveauunterschiede vorderer Trochleaabschnitte errechnen (s. Abb. 12). Diese sind bei den mazerierten Tali auffälliger als bei den feuchtpräparierten Sprungbeinen mit intakten Knorpelflächen. Bedingt durch die Konkavität in der Frontalen, senkt sich die Mittelzone der Trochlea tali unter das Niveau der beiden Rollenkanten. In etwa 77% ragt der mediale Rand der Facies superior höher als der laterale. In 17% erhebt sich die seitliche Rollenkante über das Niveau der medialen, und in 6% stehen beide Kanten gleich hoch.

3.1.3 Krümmungsprofile der Artikulationsflächen des oberen Sprunggelenkes

Unversehrte Silikonkautschukabdrücke von tarsalen Gelenkabschnitten ergeben verzerrungsfreie Negativkonturen der jeweiligen Gelenkform. Da beim Abdrücken keine spiegelbildliche Umkehrung erfolgt, wird die Interpretation von Schnittserien gedanklich wesentlich erleichtert. Exakte Abformungen des Rollendaches ähneln verkleinerten

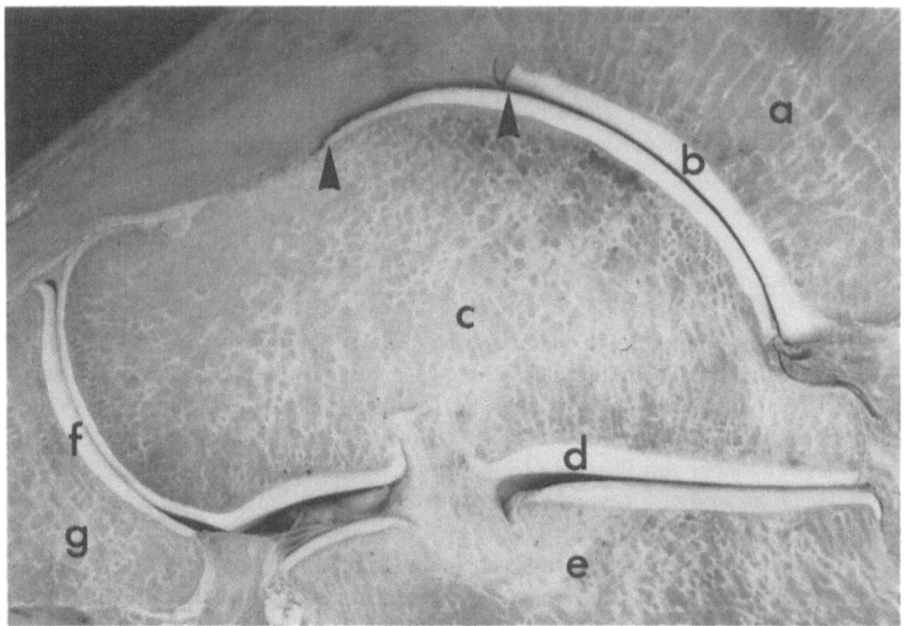

Abb. 18. Sagittalschnitt durch die proximale Fußwurzel. 59 Jahre ♂. Fuß in Plantarflexion. Der Kreisbogen der unteren Tibiagelenkfläche ist um etwa 30% kürzer als die obere Rollenfläche des Talus (siehe Pfeile). a = distale Tibiaepiphyse; b = Articulatio talocruralis (Gelenkspalt); c = Talus; d = Articulatio subtalaris (Gelenkspalt); e = Calcaneus; f = Articulatio talocalcaneonavicularis (Gelenkspalt); g = Os naviculare

Nachbildungen der Trochlea tali und umgekehrt gleichen Abformungen der Trochlea vergrößerten Rollendächern. Ergebnisse von Profilmessungen korrespondierender Gelenkflächen sind dadurch besser vergleichbar.

Vom Rollendach haben wir 20, von der Trochlea tali 30 Profilabdrücke normal gestalteter Gelenkflächen angefertigt. Von den in sagittaler und frontaler Richtung zerlegten Abformungen beider Gelenkkörper konnten bis zu 7 verwertbare Schnitte pro Abdruck untersucht werden.

Im Bereich der Abdruckzonen, die den seitlichen und hinteren Rollendachkanten entsprechen, stellte sich regelmäßig eine Impression der annähernd dreieckigen Plica synovialis tibiofibularis dar. Sie wurde bei den Profilmessungen nicht berücksichtigt. Das Rollendach ist in seiner Längsausdehnung um fast 30% gegenüber der mittleren Trochlealänge verkürzt (Abb. 18). Besonders deutlich läßt sich dieser Befund in einer Gegenüberstellung der mittleren Öffnungswinkel der aus sagittalen Schnittserien erhaltenen Krümmungsbogen von Rollendach und Talusrolle erkennen (Tabelle 1). Während an der Facies articularis inferior die Öffnungswinkel im Mittel der Gesamtstichprobe zwischen 62,5°und 75,2° schwanken, vergrößern sich die Bogenausschnitte an der Trochlea tali auf die Winkelwerte zwischen 99,5° und 113,9°. Das entspricht einem Zuwachs von durchschnittlich 35%. Ein unmittelbarer Vergleich korrespondierender Gelenkflächenanteile ist daraus aber nicht abzuleiten, da erstens unser Untersuchungsgut von Tibia und Talus nur in wenigen Fällen eine direkte Zugehörigkeit aufwies und zweitens die Schnittserien nicht an exakt vorbestimmten und reproduzierbaren Flächenorten abgenommen werden konnten. Wir deuten daher diese Gegenüber-

Tabelle 1. Gegenüberstellung von Änderungen des mittleren Öffnungswinkels (Zentriwinkel) der Krümmungsbogen tibialer und talarer Gelenkflächenanteile an Sagittalschnitten durch das Abformmaterial in Grad

	Numerierung der Schnittserien Medial ←	1	2	3	4	5	6	7 → Lateral
Tibia	ges	64,3	62,5	67,6	72,3	75,2	72,3	69,8
Facies articu-	re	65,8	64,4	70,3	73,0	79,8	–	–
laris inferior	li	62,4	60,7	65,0	71,7	71,1	69,3	69,8
(n = 20)								
Talus	ges	109,6	111,6	113,9	113,2	99,5	84,3	–
Trochlea tali,	re	116,7	109,1	111,9	108,7	99,9	78,0	–
Facies superior	li	102,5	114,1	115,9	117,6	99,1	122,0	–
(n = 30)								

stellung lediglich als eine Aussage über diskrete Größenveränderungen korrespondierender Flächenanteile.

Ein wichtiger Unterschied ergibt sich dagegen aus dem Krümmungsverhalten der oberen Sprunggelenkflächen. Das Profil des Rollendaches zeigt an den sagittal geführten Schnittserien Umrisse, die Ausschnitten von einfachen Kreisbögen entsprechen (Abb. 19.I.) Dagegen ist die Facies superior der Trochlea tali in sagittaler Richtung vor allem medial und lateral spiralförmig gekrümmt. Im einzelnen konnten wir folgende Befunde erheben:

Die Facies articularis inferior der Tibia erscheint an Sagittalschnitten nur medial und lateral stärker gebogen als in der Mittelzone. Die Krümmungsradien betragen beiderseits im Mittel etwa 20 mm. In der Mitte wird das Profil dann zunehmend flacher. Der mittlere Radius erhöht sich hier auf etwa 24 mm (Tabelle 2) und läßt keine besonderen Auffälligkeiten erkennen.

An den Rollendachkanten des Talus konnten wir im Vergleich der beiden seitlichen Flächenbegrenzungen an Sagittalschnitten gegenläufige Krümmungsveränderun-

Tabelle 2. Gegenüberstellung von Änderungen des mittleren Krümmungsradius (r) an Sagittalschnitten durch das Abformmaterial in Millimetern

	Numerierung der Schnittserien Medial ←	1	2	3	4	5	6	7 → Lateral
Tibia	ges	21,7	24,6	24,6	23,5	23,1	22,6	20,7
Facies articu-	re	19,8	25,0	24,3	23,7	22,7	20,0	–
laris inferior	li	21,6	24,1	24,9	23,4	23,5	23,3	20,7
(n = 20)								
Talus	ges	19,7	21,1	21,1	21,0	21,3	20,4	–
Trochlea tali,	re	20,4	22,1	21,7	21,9	21,6	19,8	–
Facies superior	li	19,0	20,1	20,4	20,2	21,0	22,0	–
(n = 30)								

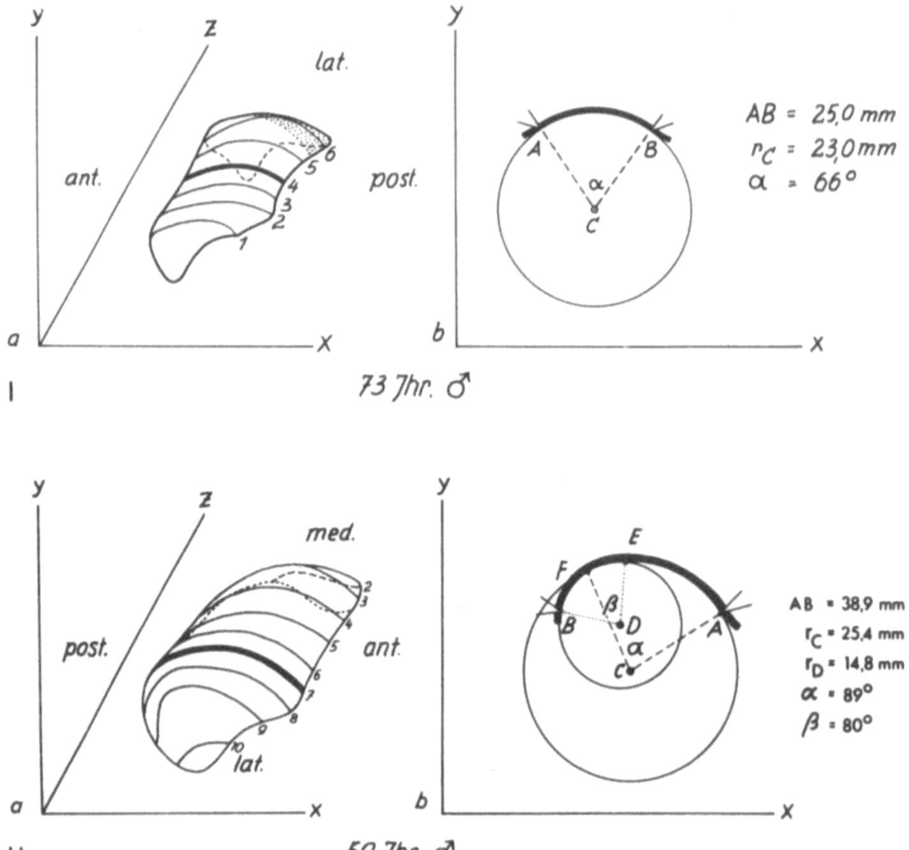

Abb. 19. I. Supratalare Gelenkkammer der Articulatio talocruralis. a) Graphische Rekonstruktion des Rollendaches auf der Grundlage von 6 in sagittaler Richtung geführte Schnitte durch das elastomere Abformmaterial. Die Schnittumrisse 1–6 sind entlang einer um 60° gegen die x-Achse geneigten z-Achse von medial nach lateral aufgetragen worden. Gestrichelte Linie = Projektion der fibularen Knöchelgelenkfläche; gepunktetes Feld = Abdruckfläche der Plica synovialis tibiofibularis. b) Krümmungsprofil des Sagittalschnittes Nr. 4 parallel zum Führungsfirst. A = vorderer Knorpelrand der Facies articularis inferior; AB = Kreisbogen (= mittlere Länge der Facies articularis inferior); C = Kreismittelpunkt; r_C = Radius des Kreisbogens; α = Mittelpunktswinkel (Zentri-) des Kreisbogens, II. Talus. Trochlea tali. a) Graphische Rekonstruktion der Sprungbeinrolle auf der Grundlage von 8 in sagittaler Richtung geführter Schnitte durch das Abformmaterial. Die Schnittumrisse 2–10 sind entlang einer um 60° gegen die x-Achse geneigten z-Achse von medial nach lateral aufgetragen worden. Gestrichelte Linie = Projektion der medialen Rollenwange. b) Krümmungsprofil des Sagittalschnittes Nr. 7. A = vorderer Knorpelrand der Facis superior; B = hinterer Knorpelrand der Facies superior; C = Kreismittelpunkt; D = Kreismittelpunkt; AF = Begrenzungen des Kreisbogens C; EB = Begrenzungen des Kreisbogens D; AB = Länge der Facies superior (Schnitt Nr. 7); r_C = Radius des Kreises C (vorderer Rollenabschnitt); r_D = Radius des Kreises D (hinterer Rollenabschnitt); α = Mittelpunktswinkel der Sehne AF; β = Mittelpunktswinkel der Sehne EBC. Die Rekonstruktionen der Schnittumrisse sind um 180° gedreht wiedergegeben, um einen möglichst direkten bildlichen Vergleich zum Abdruck des Rollendaches (s. Abb. 19 A) zu erhalten (nach Schmidt 1976)

gen nachweisen. Die Stärke der Krümmung nimmt von vorn nach hinten im Bereich der medialen Kante kontinuierlich ab. Die Krümmungsradien werden dadurch größer (s. Abb. 19.II.).

An der lateralen Trochleakante verlaufen die Krümmungsänderungen entgegengesetzt. Während vorn flachere Abschnitte mit geringeren Krümmungsradien liegen, zeigt sich die hintere laterale Trochleakante immer stärker gekrümmt. Die Krümmungsradien nehmen folglich ab.

Im seitlichen Rollenbereich ist allerdings die Abknickung der Facies articularis intermedia posterior zu berücksichtigen, deren Gestaltung die geschilderten Krümmungsveränderungen im wesentlichen mitbestimmt.

Aus der Gegenüberstellung von Änderungen des mittleren Krümmungsradius tibialer und talarer Gelenkflächenanteile (s. Tabelle 2) wird außerdem ersichtlich, daß die Facies articularis inferior insgesamt ein wenig flacher ausgestaltet ist als die Trochlea tali. Die errechneten Mittelwerte für die Krümmungsradien an der Talusrolle entsprechen im Mittel den größeren Kreisbogenausschnitten. In diesem Fall haben wir die spiralige Krümmung zunächst nicht berücksichtigt. Geringfügige Rechts-Links-Unterschiede sind für alle tibialen und talaren Schnittserien rechnerisch nachweisbar. Sie variieren innerhalb unseres Untersuchungsgutes an der tibialen Gelenkfläche unabhängiger als am Talus. Nach Deutung der Mittelwerte erscheint die Facies superior rechts geringfügig flacher zu sein als links. Da jedoch die Abformmethode und die Auswahl des Untersuchungsmaterials eine gesicherte Reproduktion von Flächenorten nicht zuließ, konnten keine statistischen Berechnungen zur Prüfung von signifikanten Seitenunterschieden durchgeführt werden.

In den Abbildungen 20 und 21 ist ebenso zu erkennen, daß die Trochlea tali im Mittelabschnitt in sagittaler Richtung stärker gekrümmt ist als die Facies articularis inferior der Tibia. Ein sicherer Nachweis der spiraligen Krümmung ist jedoch nicht zu erbringen. Die Kongruenz korrespondierender Gelenkflächen wird dadurch nicht wesentlich beeinträchtigt, da die Flächendifferenz des Rollendaches den notwendigen Kraftschluß der momentanen Gelenkstellung gewährleistet.

An den frontalen Schnittserien von Abdrücken des Rollendaches erkennt man die unterschiedlich starke Ausprägung einer konvexen Führungsleiste (Abb. 22.I.). Sie entspricht der bogenförmig verlaufenden konkaven Rinne im medialen Flächendrittel der Sprungbeinrolle (Abb. 24). Krümmungsradien ändern sich an der Facies superior der Trochlea von vorn nach hinten im Bereich der Führungsrinne nur unwesentlich. Dagegen begünstigt die ausgeprägte Konkavität der bogenförmigen Rinne auf der Talusrolle die stabile Führung des Talus im Rollendach.

Um die stumpfwinklige Abknickung der tibialen und fibularen Knöchelwangen gegenüber der Schienbeintragfläche zu erfassen, wurde zur Bestimmung von Winkelabweichungen medialer und lateraler Führungsflächen an unseren Stempelabdrücken zunächst eine exakte Bezugslinie festgelegt. Sie verläuft als Tangente über die am weitesten erhabenen Punkte der medialen und lateralen Flächenkanten der Facies articularis inferior. Weiterhin wurden zwei Hilfslinien benötigt, die zum Ablesen der Neigungswinkel geeignet erscheinen. Da beide Knöchelwangen in der Kontur des Frontalabschnittes jedoch konvex und konkav gekrümmte Teilabschnitte aufweisen, erschien es erforderlich, die Hilfslinien so zu konstruieren, daß zumindest die Tendenz der mittleren Winkelabweichung deutlich zum Ausdruck kommt.

Die Hilfslinien verlaufen von den Knorpelknochengrenzen am Unterrand der beiden Knöchelwangen zu den Berührungspunkten der Bezugstangente mit der Tragfläche

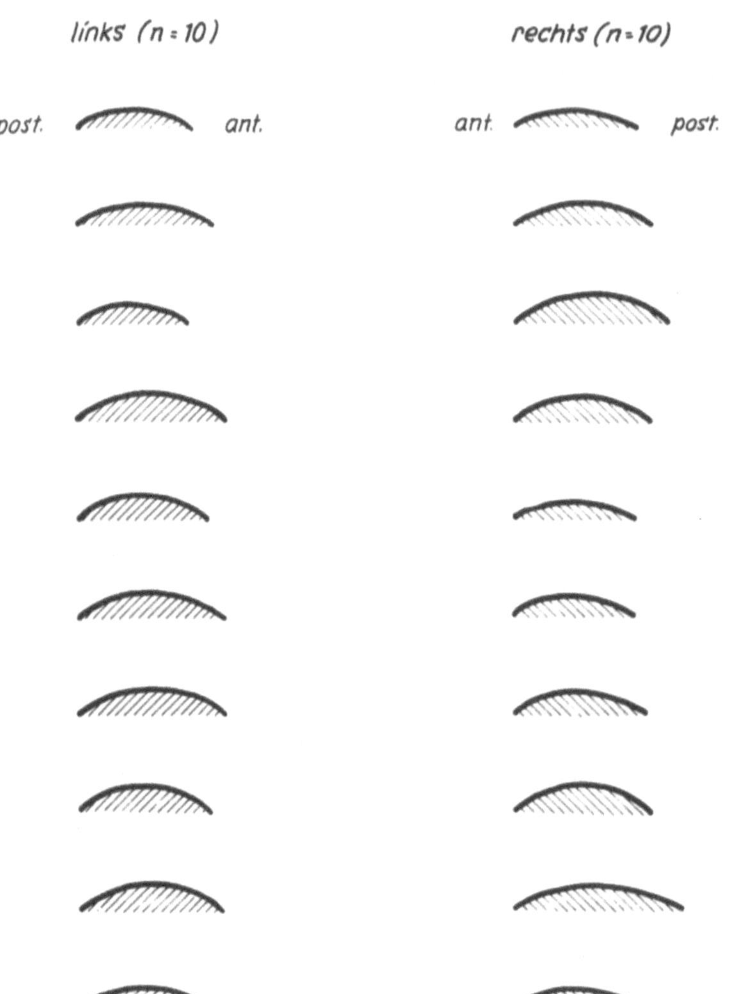

Abb. 20. Tibia. Facies articularis inferior. Variationen der mittleren sagittalen Krümmungsprofile

(s. Abb. 22.I.). Danach ist die mediale Knöchelwange mit 125° im Mittel stärker abgewinkelt als die größere laterale Knöchelgelenkfläche. Deren mittlerer Neigungswinkel gegenüber der unteren Tibiagelenkfläche beträgt etwa 113°.

Die frontal geschnittenen Abdrücke der Trochlea tali erlauben es ebenfalls, die Abknickung der medialen und lateralen Knöchelgelenkflächen gegen die Facies superior zu bestimmen. In der Regel ist die Facies malleolaris lateralis etwa im Winkel von 90° gegen die Rollenoberfläche abgeknickt (s. Abb. 22.II.). Dagegen neigt sich die Facies malleolaris medialis in einem wesentlich stumpferen Winkel gegen die Rollenoberfläche.

Der Abknickungswinkel ändert sich an allen Schnitten von vorn nach hinten nochmals. Vorn weist er im Mittel einen stumpferen Winkel mit 130° auf. In der Mitte knickt die Knöchelgelenkfläche steiler ab (im Mittel 105°), während hinten wieder ein stumpferer Winkel mit 126° erreicht wird (Abb. 23). Am Präparat entsprechen diese Winkeländerungen einer leichten Konkavität der Auflagefläche für den Malleolus me-

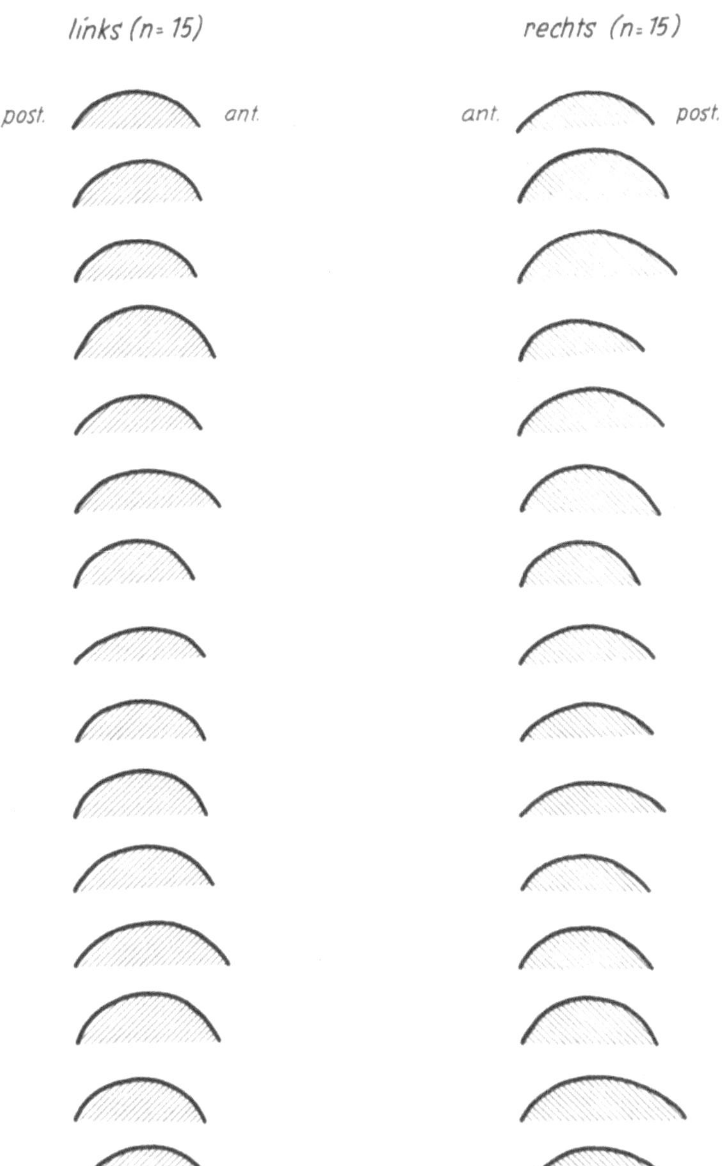

Abb. 21. Talus. Facies superior trochleae tali. Variationen der mittleren sagittalen Krümmungsprofile

dialis mit einer Öffnung nach innen. Dadurch entsteht eine zusätzliche Führungseinrichtung der oberen Sprunggelenkkörper, die annähernd parallel zur bogenförmigen Rinne auf der Facies superior verläuft (s. Abb. 22B).

Aus der Abb. 25A, B wird zudem ersichtlich, daß der Talus während der Plantarflexion eine „versteckte" Rotation nach medial und innen im Sinne der Supination durchführt. Diese bislang im wesentlichen unbekannt gebliebene Verlagerung des

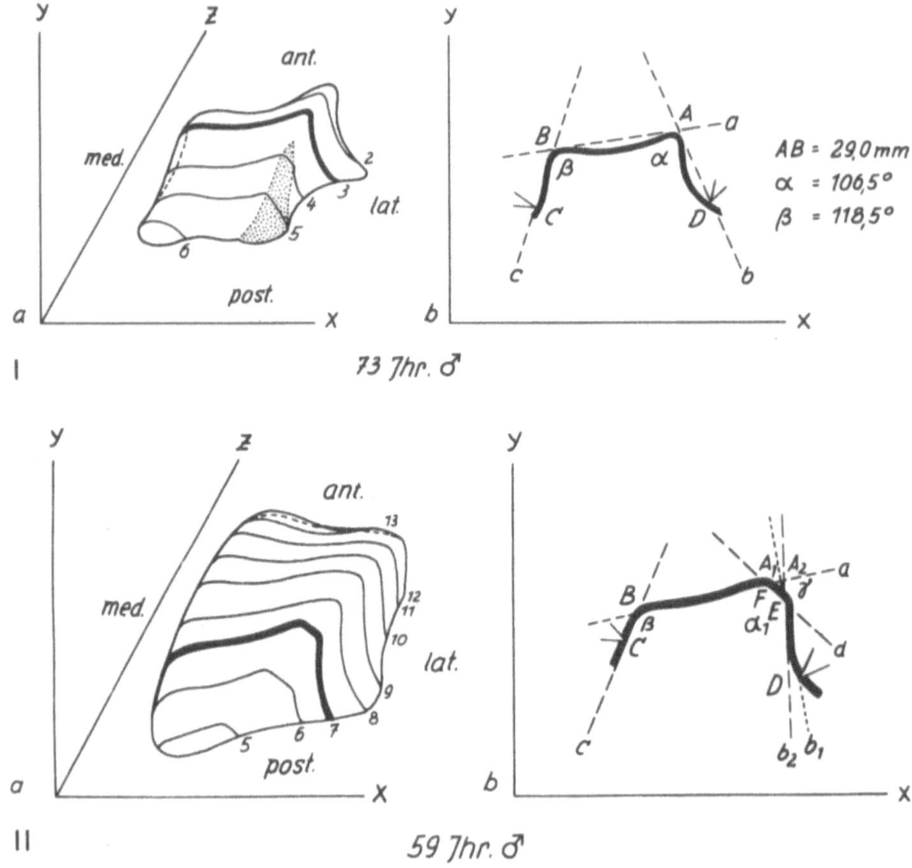

Abb. 22. I. a) Supratalare Gelenkkammer der Articulatio talocruralis. a) Graphische Rekonstruktion des Rollendaches auf der Grundlage von 5 in frontaler Richtung geführter Schnitte durch das elastomere Abformmaterial. Die Schnittumrisse 2–6 sind entlang einer um 60° gegen die x-Achse geneigten z-Achse von vorn nach hinten aufgetragen worden. Gepunktetes Feld = Abdruckfläche der Plica synovialis tibiofibularis. b) Krümmungsprofil des Frontalschnittes Nr. 3. A = laterale Rollendachkante; B = mediale Rollendachkante; C = Knorpelrand der tibialen Knöchelgelenkfläche; D = Knorpelrand der fibularen Knöchelgelenkfläche; a = Tangente über den Rollendachkanten (Bezugslinie); b = Verbindungslinie zwischen Knorpelrand der fibularen Knöchelgelenkfläche und der lateralen Rollendachkante; c = Verbindungslinie zwischen Knorpelrand der tibialen Knöchelgelenkfläche und medialer Rollendachkante; α = Winkel der Abknickung zwischen Rollendach und lateraler Knöchelgelenkfläche; β = Winkel der Abknickung zwischen Rollendach und medialer Knöchelgelenkfläche, II. Talus. Trochlea tali. a) Graphische Rekonstruktion der Sprungbeinrolle auf der Grundlage von 8 in frontaler Richtung geführter Schnitte durch das Abformmaterial. Die Schnittumrisse 5–13 sind von hinten nach vorn entlang einer um 60° gegen die x-Achse geneigten z-Achse aufgetragen worden. b) Krümmungsprofil des Frontalschnittes Nr. 7. A_1 = laterale Rollenkante; A_2 = Abknickung zwischen Facies malleolaris lateralis und Facies articularis intermedia posterior; B = mediale Rollenkante; C = unterer Knorpelrand der Facies malleolaris medialis; D = unterer Knorpelrand der Facies malleolaris lateralis; a = Tangente über der Facies superior; b_1 = Tangente an der Facies malleolaris lateralis; b_2 = Tangente am oberen Abschnitt der Facies malleolaris lateralis; c = Tangente an der Facies malleolaris; d = Tangente an der Facies articularis intermedia posterior; α = Abknickungswinkel der Facies malleolaris lateralis gegen die Facies superior; β = Abknickungswinkel der Facies malleolaris medialis gegen die Facies superior; γ = Abknickungswinkel der Facies articularis intermedia posterior gegen die Facies superior (Nach Schmidt 1976)

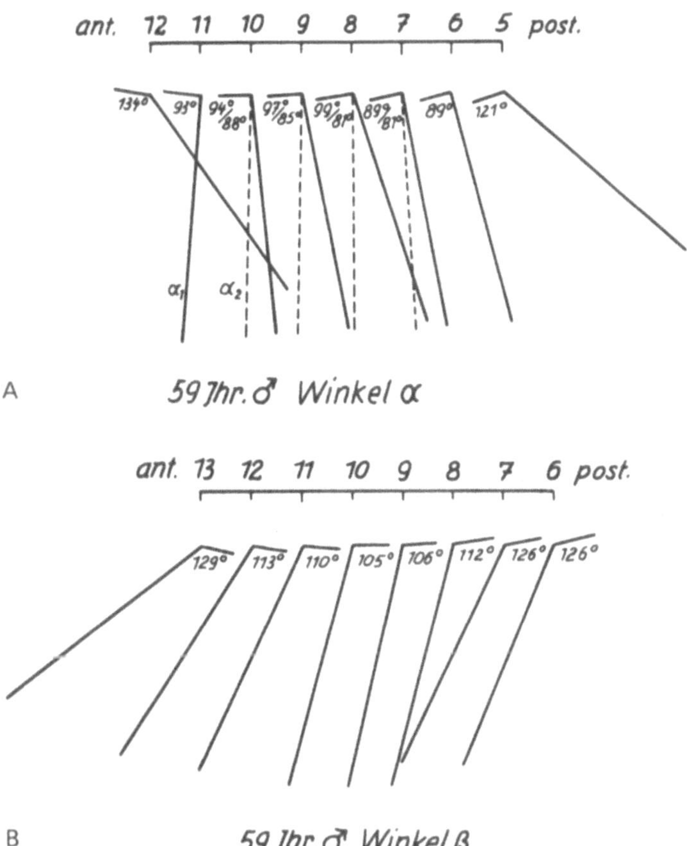

Abb. 23. Talus. A. Winkel zwischen Facies superior und Facies malleolaris lateralis. B. Winkel zwischen Facies superior und Facies malleolaris medialis. Die Numerierung der einzelnen Geraden entspricht der Numerierung der frontalen Schnittumrisse aus Abb. 22 (nach Schmidt 1976)

Sprungbeines bei Bewegungen in der Articulatio talocruralis resultiert aus der Flächenführung im Bereich der bogenförmigen Rinne an der Trochleaoberseite. Der mediale Knöchel dient außerdem als feste Schiene, welche die supinatorische Einschwenkung des Talus beim Senken der Fußspitze ermöglicht. An Mazerationspräparaten beträgt der Winkelausschlag zwischen einer Mittelsenkrechten auf dem Caput tali und der Tibialängsachse während der Verlagerung bis zu 15°. Die Knöchelgelenkflächen dienen hauptsächlich als Führungssicherung während der Dorsal- und Plantarflexion gegenüber den Rollendachkanten des Talus. Die zusätzliche Abknickung der unteren Hälfte der fibularen Knöchelwange nach außen findet ein Widerlager in der Konkavität der seitlichen Rollenwange der Trochlea tali. Sie stellt damit eine Stützfläche für die Fibula dar, um Vertikalverschiebungen gegenüber der Tibia nach distal zu verhindern. Straffe Bindegewebefasern der Syndesmose sowie medialer und lateraler Kollateralbandsysteme sichern außerdem die distale tibiofibulare Knochenverbindung und lassen nur geringfügige Bewegungsausschläge von wenigen Millimetern zu.

Aus den Gegenüberstellungen der Flächenprofile frontaler Schnittserien durch die Mittelzone des Rollendaches und der Trochlea tali läßt sich besonders deutlich die große Variabilität der Stütz- und Führungsflächen erkennen (Abb. 26, 27). Während

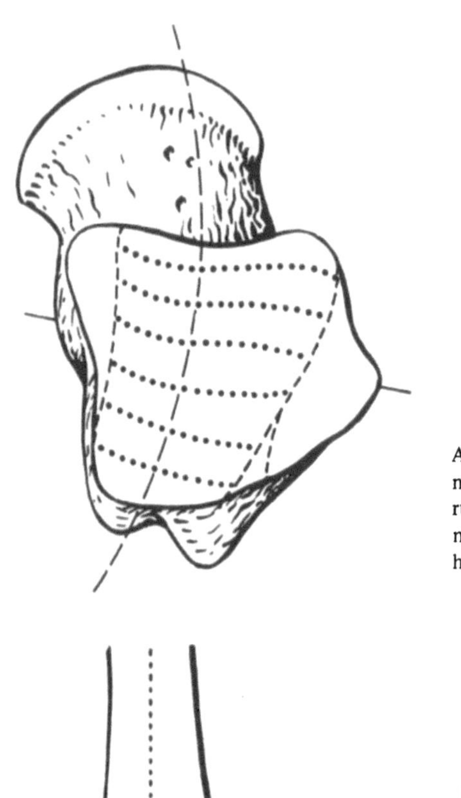

Abb. 24. Talus. Trochlea tali. Darstellung des nach medial geöffneten Krümmungsbogens der Führungsrinne der Facies superior. Die gepunkteten Linien deuten das unterschiedliche Krümmungsverhalten der Mantelfläche an

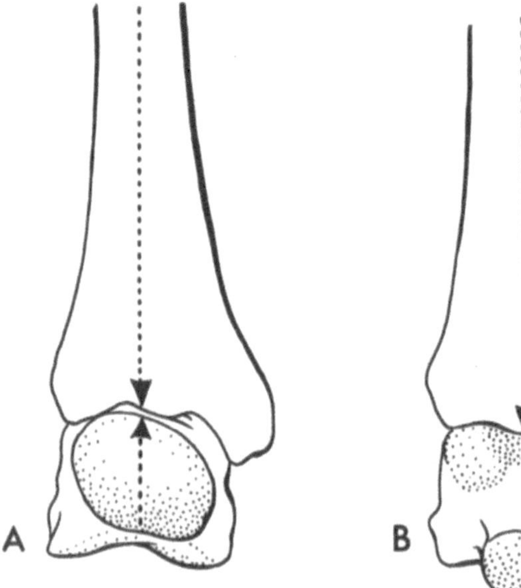

Abb. 25 A, B. Rechter distaler Tibiaabschnitt und Talus von vorn. Supinatorische Drehung des Talus während der Plantarflexion. Die Mittelsenkrechte an der Stirnseite des Caput tali weicht von der Tibialängsachse (punktiert) unter einem mittleren Winkel von 15° ab. A. Dorsalflexion, B. Plantarflexion

die Tragflächen ziemlich regelmäßig Führungsrinnen besitzen, weisen die Abknickungen der Knöchelgelenkflächen sowie deren Krümmungen eine erhebliche Streuung auf.

Aus unseren graphischen Rekonstruktionen oberer Sprunggelenkflächen sowie aus den Analysen der Krümmungsprofile geht nicht sicher hervor, ob die Sprunggelenkkör-

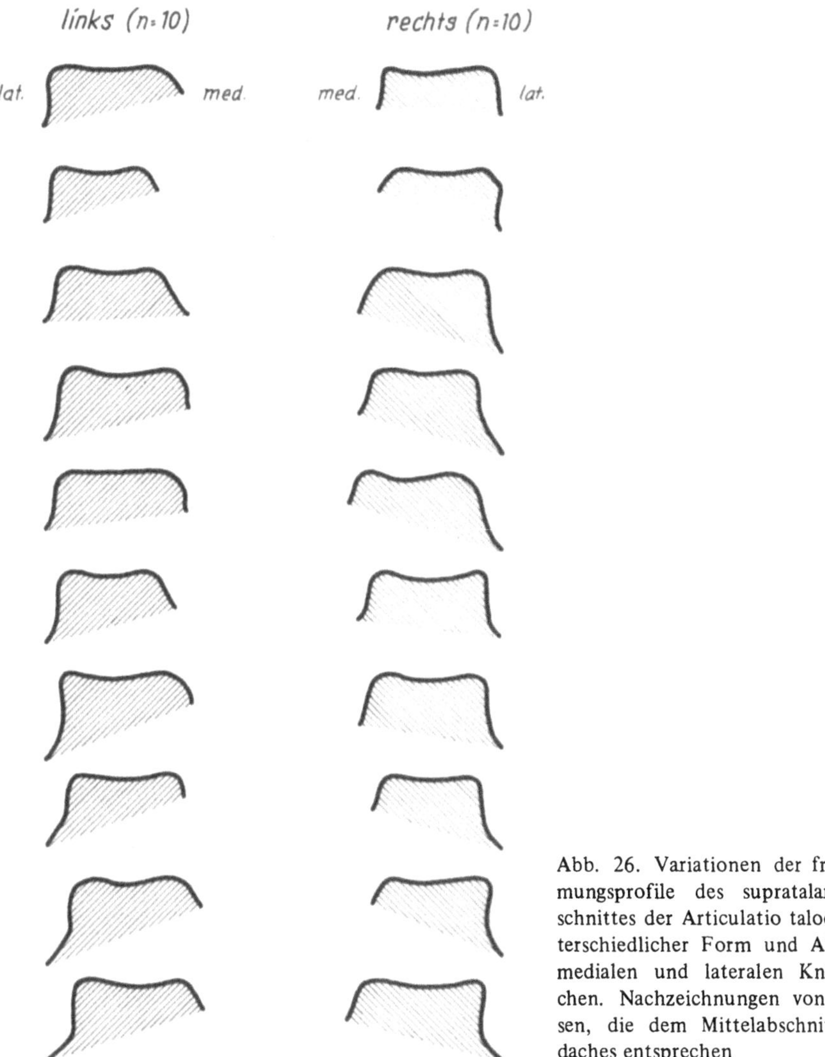

Abb. 26. Variationen der frontalen Krümmungsprofile des supratalaren Gelenkabschnittes der Articulatio talocruralis mit unterschiedlicher Form und Abknickung der medialen und lateralen Knöchelgelenkflächen. Nachzeichnungen von Schnittumrissen, die dem Mittelabschnitt des Rollendaches entsprechen

per ideal geformte Teilabschnitte stereometrischer Figuren wie Zylinder, Konus, Schraubengang oder ähnliches darstellen. Da das Krümmungsverhalten örtlich und orientierungsmäßig einer starken Variabilität unterworfen ist, sind sichere Aussagen über Gesetzmäßigkeiten in der Formgestaltung nicht zu machen.

3.1.4 Diskussion

Im oberen Sprunggelenk ist der menschliche Fuß mit beiden Unterschenkelknochen beweglich verbunden. Die regelhafte Ausformung knorpelbedeckter Trag- und Führungsflächen ermöglicht im wesentlichen die Abfolge statischer und dynamischer Funktionen der talocruralen Gelenkeinrichtung. Durch Übertragung und Druckverteilung des Körpergewichtes auf Skelettelemente der Fußwurzel und Zehenstrahlen wird

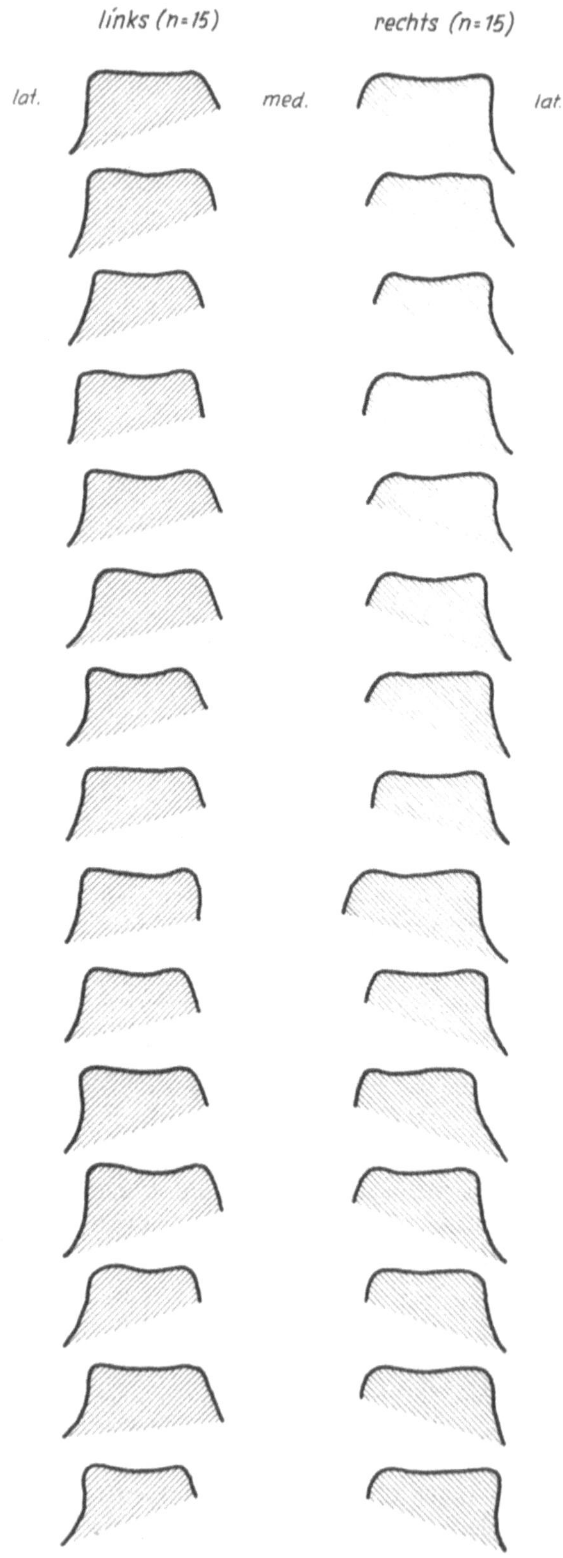

links (n=15) rechts (n=15)

lat. med. lat.

Abb. 27. Talus. Variationen der frontalen Krümmungsprofile der Trochlea tali. Nachzeichnungen von Schnittumrissen, die dem Mittelabschnitt der Sprungbeinrolle entsprechen. Auffallend ist die unterschiedlich starke Abwinklung der Rollenwangen sowie die unterschiedlich starke Aushöhlung der seitlichen und oberen Gelenkflächenabschnitte die notwendige Sicherung einer aufrechten Körperhaltung erreicht. Gelenkflächen und Kapselbandstrukturen der Articulatio talocruralis sind schon in vielen älteren Lehr- und Handbüchern der Anatomie ausführlich beschrieben und zeichnerisch dargestellt worden. Allerdings befaßten sich nur wenige Autoren mit genaueren Ausmessungen und Berechnungen von Gelenkflächengrößen. Typische Merkmale ihrer auffälligen Raumgestaltung oder der Krümmungsform sind ebenfalls wenig beachtet worden.

Unter der Voraussetzung, daß metrisch exakte Meßtechniken es gestatten, ausgewählte Raumstrukturen von Gelenkkörpern nur in *einer* Dimension zu erfassen, wurden bisher in der deskriptiven Anatomie und Anthropologie Formgrößen von Skelettabschnitten auf Streckenmaße reduziert, wenn sie nicht ausschließlich in Wort und Beschreibung charakterisiert werden konnten (von Eickstedt 1931).

Eine *zweite* Dimension kann mathematisch „nachkonstruiert" werden, indem man Streckenverhältnisse (Indizes) einführt, durch die eine *Form* auf eine rechteckige *Fläche* bezogen wird. Darauf wurde bei unseren Untersuchungen jedoch weitgehend verzichtet, da Indexberechnungen nur auf bereits vorhandenem Zahlengut basieren und stets auftretende Meßfehler sich während des Rechenvorgangs potenzieren würden.

Weder der ein- noch der zweidimensionale rechnerisch ermittelte Ausdruck kann schließlich einer dreidimensionalen Form gerecht werden. Daher wurde von uns eine neue Abformmethode mit elastomerem Silikonkautschuk in diese Untersuchung eingebracht, um neben der rein registrierenden, deskriptiven Charakterisierung der Sprunggelenkbestandteile einige faßbare Hinweise über den stereometrischen Aufbau der Gelenkkörper zu erhalten. Diese gehen zum Teil aus der Beurteilung der Krümmungsprofile hervor, die mit Hilfe frontal und sagittal geführter Schnittserien an den oberen Sprunggelenkflächen erfolgte (am unteren Sprunggelenk wurden die Schnitte parallel zur größten Länge bzw. Breite der Artikulationsflächen geführt). Andererseits ermöglicht die Abformmethode eine graphische Rekonstruktion der Gelenkflächen aus den Profilbildern. Variationen können damit ebenso bildlich erfaßt werden wie bestimmte Winkelveränderungen. Zeitraubende und teure Fotoserien von natürlichen Gelenkflächen, die außerdem nicht beliebig oft zerlegt werden können, blieben dem Untersucher damit erspart. Im weiteren Verlauf der Untersuchungen wurde das spezifische Krümmungsverhalten ermittelt, indem an besonders interessanten Schnitten von Gelenkoberflächen mathematisch einfache Raum- oder Flächenfiguren angepaßt werden konnten. Aus dieser näherungsweisen Form der Bestimmung von Krümmungen ergab sich die Möglichkeit, artikulierende Flächen zu systematisieren. Die Gelenkflächen des oberen (und unteren) Sprunggelenkes können in mindestens einer Bezugsrichtung entweder konkav, konvex oder sogar spiralähnlich gebogen sein. Nach McConaill (1953) und Amtmann (1978) leiten sich alle menschlichen Gelenke als Varianten von zwei Grundformen ab, dem Eigelenk oder dem Sattelgelenk. Nur annähernd kann man allerdings die Gelenkoberflächen als Umhüllungen mathematischer Idealfiguren auffassen. Hinweise über die Form, Größe und Oberfläche von Gebilden, die nicht in einer einzigen Ebene liegen, vermittelt die Stereometrie als Teildisziplin der euklidischen Geometrie. Mit ihrer Hilfe vermag man jedoch nur metrische Beziehungen von regelmäßig konstruierten Raumkörpern wie Kugel, Kegel, Zylinder usw. zu erarbeiten. Alle Gelenkflächen sind in der Regel Teilabschnitte mehr oder weniger unregelmäßig geformter Rotationskörper. Ihr Krümmungsverhalten kann daher nur mit Methoden der Differentialrechnung approximativ bestimmt werden. Unter der Voraussetzung, daß man sich zunächst bei der Deutung von Gelenkflächenkrümmungen auf die Anwendung ebener Kurven beschränkt, gelingt es, mit der Funktion $k = y''/(1 + y'^2)^{2/3}$ die Krümmung einer vorher festgelegten Schnittkontur zu berechnen (Amtmann 1978). Diese Gleichung zeigt jedoch nur den rechnerischen Weg für die Bestimmung *eines* Krümmungskreises, dessen Krümmungsradius ρ dem reziproken Wert von k entspricht.

Der Krümmungsmittelpunkt M wird mit Hilfe der Koordinaten

$$\xi = x - y' \frac{1 + y'^2}{y''}$$

und

$$\eta = y + \frac{1 + y'^2}{y''}$$

festgelegt.

Schmiegt man mehrere Kreisfiguren in serienmäßiger Folge an eine gekrümmte Schnittlinie an, so läßt sich als geometrischer Ort aller Krümmungsmittelpunkte eine Evolute bestimmen. Dieses allerdings sehr aufwendige mathematische Verfahren zur Charakterisierung von Gelenkflächenkrümmungen gelingt, wie oben erwähnt, jedoch nur bei Reduktion der räumlichen Flächengestalt auf Schnittlinien in eine Ebene (Abb. 28).

Eine mathematische Analyse von Krümmungen, die der Figur einer logarithmischen Spirale ähneln, gelingt nur unter Anwendung von Funktionen 3. und 4. Grades (Stanislaus 1976), während die Erfassung von Kurven im Raum differential- bzw. integralgeometrische Kenntnisse verlangt, die auf Grundlagen der höheren Mathematik beruhen. Dabei sind Unregelmäßigkeiten der Knorpelstrukturen der Gelenkflächen noch gar nicht berücksichtigt. Diese können jedoch die Berechnungen empfindlich beeinflussen, auch wenn sie für den Bewegungsablauf im Gelenk unerheblich sind. Neuerdings versucht man die Ermittlung der 1. und 2. Ableitung empirischer Kurven in Zusammenhang von Geschwindigkeits- und Beschleunigungsmessungen. Anwendungen für die Bestimmung von Gelenkprofilen liegen aber bisher noch nicht vor (Amtmann 1979 persönliche Mitteilung). Da die mathematische Behandlung von Gelenkflächenkrümmungen schon bei Beschränkung auf *ebene* Kurvenverläufe bei der Vielzahl der unter-

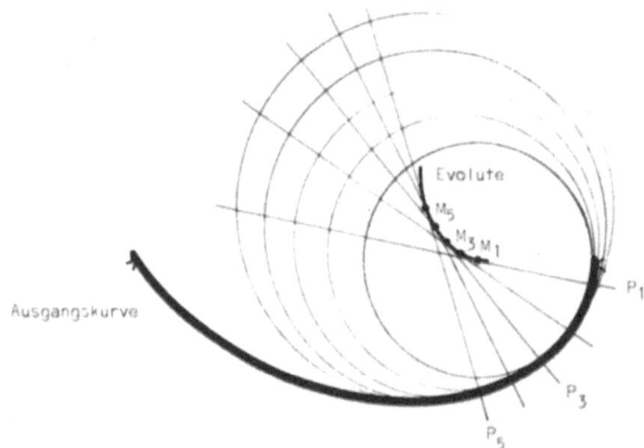

Abb. 28. Konstruktive Darstellung der Evolute eines spiralähnlich gekrümmten Gelenkflächenprofils, beispielhaft demonstriert an einer Krümmungslinie der Facies articularis calcanea posterior tali. P_1–P_5 = Schnittpunkte der Normalen mit der Ausgangskurve. Die Normalen sind gleichzeitig Tangenten an die zugehörige Evolute. M_1–M_5 = Krümmungsmittelpunkte der an die Ausgangskurve angeschmiegten Kreise

suchten Gelenkflächen über den Rahmen dieser Untersuchung hinausgegangen wäre, machten wir die Bestimmung der Krümmungsprofile durch das Anlegen von vorgefertigten Kreisschablonen weitgehend transparent. Obwohl dieses nunmehr einfache Verfahren nur die Krümmungs*tendenz* zu erkennen gestattet, bietet es jedoch durch den Umfang der Messungen eine sichere Grundlage für eine Reihe von statistischen Berechnungen.

Über die drei Knochen, die das obere Sprunggelenk mitgestalten, fanden wir im Schrifttum zunächst nur ausgiebiges osteometrisches Zahlenmaterial. So haben Volkov (1903), Sewell (1904), Adachi (1905), Poniatowski (1915), Kaschel (1921), Kurz (1922), Inkster (1927), v. Eickstedt (1931), Martin u. Saller (1959), Anderson et al. (1964), Gindhart (1973) und Farrally u. Moore (1975) Tibia und Talus umfassend untersucht, um Wachstumsvorgänge, Rassenunterschiede oder Geschlechtszugehörigkeiten deutlich zu machen. Letztlich waren aber nur wenige der Ergebnisse aus früheren Arbeiten einem direkten Vergleich mit unseren Auswertungen zugänglich. Einige Abhandlungen enthalten komplette Urlisten mit Meßwerten, die eine übersichtliche Deutung sehr erschweren. Andere Autoren geben weder Beschreibungen der Meßdurchführung noch Aufgliederungen des jeweiligen Untersuchungsgutes an. Früher bevorzugte Berechnungen von Längen-Breiten- oder Längen-Höhen-Indizes geben nach unserer Auffassung ebenfalls keinen befriedigenden Aufschluß über den jeweiligen Knochenaufbau oder den Formenreichtum von Gelenkflächen.

Aus diesem Grund haben wir an unserem Untersuchungsgut vor allem Bestimmungen *auffallender* Flächengrößen an Tibia, Fibula und Talus durchgeführt, um Vergleichszahlen und Meßwerte für prüf- und korrelationsstatistische Berechnungen zu erhalten. Unsere Materialauswahl erfolgte unter den Gesichtspunkten einer umfassenden Gegenüberstellung mazerierter und feuchtpräparierter Sprunggelenkabschnitte sowie der sorgfältigen Erfassung von Seitendifferenzen mit Hilfe von umfangreichen Stichproben.

Nach Untersuchungen von Amtmann u. Schmitt (1968) können statistische Berechnungen von Mittelwertdifferenzen in der Geschlechtszusammensetzung möglicherweise Zufälligkeiten darstellen, die innerhalb der zur Verfügung stehenden Stichproben keine echten Dimensionsunterschiede wiedergeben. Daher können unsere in den DICE-LERAAS-Diagrammen aufgeführten Gegenüberstellungen männlicher und weiblicher Meßergebnisse an den supratalaren Gelenkflächen nur als Absolutwerte, nicht jedoch als Hinweis prüfstatistischer Festlegungen aufgefaßt werden.

An den übrigen oberen und unteren Sprunggelenkstrukturen waren Geschlechtsunterschiede wegen vielfach fehlender Kennzeichnungen nicht mehr nachweisbar.

Aus statischer Sicht erscheint die Tibia als starker Stützknochen der unteren Extremitäten funktionell wesentlich bedeutsamer als die schmalere Fibula. Frei von jeder Stützleistung wird dem Wadenbein dagegen eine auffallend dynamische Funktion zugeschrieben. Die Fibula sorgt – nach neueren Röntgenuntersuchungen am Lebenden – für eine maximale Stabilität bei Bewegungen im oberen Sprunggelenk. Gleichzeitig wandelt sie während der Belastungsphase beim Gehen zunehmende Druckkräfte im talocruralen Gelenkbereich kontinuierlich in wachsende Zugkräfte an tibiofibularen Bandsystemen und interossären Membranstrukturen um. Dabei verschiebt sie sich geringfügig gegenüber der Tibia in vertikaler Richtung und vertieft gleichzeitig die Höhlung der supratalaren Kammer (Weinert et al. 1973). Derartige Ergebnisse werden allerdings inzwischen in Zweifel gezogen, da bei Röntgenaufnahmen verschiedentlich Projektionsfehler nicht auszuschließen sind (Schenk 1978).

Die Gelenkkammer zwischen beiden Knochen des Unterschenkels und dem Talus hatte bereits Henke (1863) als eine einfache Synovialhöhle bezeichnet. Wir bestätigen seine Beobachtung, daß sie sich nach proximal in einen schmalen Recessus tibiofibularis öffnet. Eine kleine, meist dreieckig begrenzte und leicht bewegliche Synovialfalte (s. Abb. 3) füllt diesen Spaltraum während der Dorsalreflexion aus. Bei der Plantarflexion entweicht die Falte dann gegen die Oberseite der Trochlea tali, vor allem wenn sich Tibia und Fibula einander nähern.

Die Flächenkontur des Rollendaches wurde unseres Wissens erstmalig von Testut (1889) eingehender charakterisiert. Seinen Aussagen können wir jedoch nur insoweit zustimmen, als die Facies articularis inferior regelmäßig einen stumpfen Kamm besitzt, der bogenförmig von vorn nach hinten verläuft. Außerdem befinden sich zu beiden Seiten des Kammes leicht konkave Flächenabschnitte, die mit seitlichen Randpartien der Trochlea tali korrespondieren. Unrichtig erscheint dagegen die Feststellung von Testut (1889), daß beide Malleolen vertikal gestellte und plane Gelenkflächen tragen. Nach unseren Profilmessungen sind diese medial schwächer, lateral ausgeprägter konvex geformt und außerdem unterschiedlich weit gegenüber der Tragfläche nach außen abgewinkelt. Fick (1904) verglich die proximalen Gelenkstrukturen der Articulatio talocruralis mit einer „Klammer“ bzw. „Gabel“, die von oben her die Trochlea tali zwischen sich faßt. Das „Dach“ oder Mittelstück der Gabel am unteren Ende des Schienbeinschaftes wird mit mehreren Meßgrößen charakterisiert, ohne daß Fick jedoch genauere Hinweise über Umfang und materialtechnische Behandlung seines Untersuchungsgutes gibt. Im Vergleich liegen die von Fick angegebenen vorderen (ca. 3,2–4 cm) und hinteren (ca. 2,8–3,5 cm) Breitenwerte der Facies articularis inferior der Tibia im Bereich der von uns errechneten oberen Extremvarianten. Unsere Mittelwerte werden damit erheblich übertroffen. Die Länge der tibialen Gelenkfläche, als Bogensehne angegeben, liegt mit knapp 3 cm dagegen nahe an unserem Durchschnittswert für den Mittelbereich der Knorpelzone.

In mehreren älteren angloamerikanischen und französischen Beschreibungen des oberen Sprunggelenkes fanden wir die Begriffe „mortise“ (engl.) oder „mortaise“ (frz.) als Termini für den supratalaren Gelenkabschnitt. Während man dafür Übersetzungen wie „Zapfenloch“, „Einschnitt“ oder „Nut“ findet, hielten Poirier u. Charpy (1931) das komplette obere Sprunggelenk für eine „trochléarthrose“. Ihre anatomische Beschreibung ähnelt weitgehend der von Testut (1889), während Merkmalsgrößen von Fick (1904) übernommen zu sein scheinen.

Die Neigung des Rollendaches erfährt nach Lanz u. Wachsmuth (1972) im Laufe der postnatalen Entwicklung eine „Horizontierung“. Eine frontale Ebene der Schienbeintragfläche steht beim Neugeborenen zur Längsachse des Unterschenkels noch um 80° geneigt. Durch Aufrichtung des Fußskeletts stellt sich dann die Rollendachebene beim Erwachsenen allmählich horizontal ein, so daß die Längsachse des Unterschenkels als Senkrechte auftritt. Isman u. Inman (1969) sprechen von einer „kompletten Horizontierung“, die sie bei Erwachsenen mit einem Winkel von 85 (±5)° ebenfalls nachweisen konnten.

Über die tibialen und fibularen Knöchelgelenkflächen fanden wir lediglich bei Fick (1904) ausführliche systematische Beschreibungen sowie einige Zahlenangaben über Flächengrößen und Winkelabweichungen gegenüber einer Bezugstangente am Rollendach. Fick gab die Höhe der medialen Gabelwand mit 1,0–1,2 cm jedoch weitaus geringer an, als nach unseren Berechnungen ersichtlich wird. Zustimmen können wir nur in seiner genauen Winkelbeschreibung. Die Facies articularis malleoli bildet einen stumpfen Winkel (nach unseren Berechnungen im Mittel 125°) mit der unteren Tibiagelenkfläche.

Die annähernd dreieckige fibulare Knöchelgelenkfläche besitzt nach Fick eine Höhe von ungefähr 2,0–2,5 cm. Der von uns errechnete arithmetische Mittelwert liegt etwa bei 23,0 mm und damit in dem vom Autor angegebenen Bereich. Die Abbiegung gegenüber dem Rollendach erreicht nach unseren Befunden allerdings nie einen rechten Winkel, sondern liegt in der Regel bei etwa 113°.

Untersuchungen über die Krümmungsverhältnisse an der Facies articularis inferior stehen im Vergleich mit Angaben über die Talusrolle im älteren und neueren Schrifttum zahlen- und ergebnismäßig weit zurück. Zwar sind nach Inman (1976) die Gelenkflächen des Tibiaplafonds deckungstreuer als an anderen großen Gelenken der unteren Extremitäten des Menschen, jedoch können damit keine unmittelbaren Zusammenhänge abgeklärt werden. Die Trochlea tali stellt nur die distale „Hälfte" des oberen Sprunggelenkes dar. Daher ist es unbedingt nötig, Charakteristika der proximalen „Hälfte" auch mit in die Untersuchungen einzubeziehen. Morphologisch und funktionell werden dadurch Vergleiche überschaubarer.

Erste Angaben über Krümmungen supratalarer Gelenkflächen in sagittaler Richtung fanden wir bei Clark (1877), die auf einer einfachen Abdruckmethode mit Hilfe von Kerzenwachs beruhen. An 14 rechten und linken Gelenkflächen von Erwachsenen wurde ein mittlerer Radius von 26,6 mm bestimmt. Dieses Ergebnis liegt jedoch 2,0 mm über dem von uns berechneten Mittelwert. Die Genauigkeit der Kerzenwachsmethode ist außerdem zu bezweifeln, da von der Autorin keine Hinweise über die Beschaffenheit des Wachses zu erlangen sind. Zudem ist fraglich, ob das weiche Material unbeschädigt von den Gelenkflächen abgelöst werden konnte. Eine exakte Anfertigung flächentreuer Profilbilder hängt aber vor allem von verzerrungsfreien Abdrücken ab, um präzise Krümmungsmessungen durchführen zu können.

Für die Facies articularis inferior der Tibia fand Fick (1904) mittlere Krümmungsradien von 2,0–2,2 cm, die an sagittal geführten Sägeschnitten bestimmt wurden. Im Vergleich mit unseren Ergebnissen läßt sich daraus eine Abweichung von 2–3 mm ablesen (s. Tabelle 2).

Da die Kreisbogenausschnitte des Rollendaches an Sagittalschnitten wegen der unterschiedlichen Längenwerte der Gelenkfläche größere Abweichungen ausweisen, können die aus der Literatur ersichtlichen Öffnungswinkel als regelhaft angesehen werden. Clark fand im Mittel 67,4°; Fick (1904), Gay u. Evrard (1963) und Olivier G u. Olivier C (1963) beschrieben Krümmungsbogen von 70° bis 80° (Extremvarianten 50° bis 90°), die im Bereich der von uns errechneten Mittelwerte liegen.

Der Talus (älterer Terminus: Astragalus) erfüllt im Gefügebau des menschlichen Fußskeletts sowohl statische als auch dynamische Funktionen.

Vom Scheitel des Fußgewölbes (Lazarus 1896) überträgt er das Körpergewicht auf den Fuß und wird bei Bewegungen gegen den Unterschenkel „wie eine Kugel im Kugellager mitgeführt" (Braus u. Elze 1954). Elftman (1969) bezeichnet den Talus als einen knöchernen Meniskus, der die Bewegungsabläufe zwischen supra- und subtalaren Gelenkabschnitten aufteilt. Den im Rollendach und der Knöchelgabel gleitenden Gelenkkörper stellt die Trochlea tali mit ihren drei unterschiedlich großen Artikulationsflächen dar. Die eigentümliche Formgestaltung der Talusrolle beansprucht seit dem Beginn systematischer Gelenkuntersuchungen Anfang des vorigen Jahrhunderts nicht nur das Interesse der Morphologie, sondern im wesentlichen auch das der praktischen Medizin.

Gleichwohl waren osteometrische Angaben über das Sprungbein und seine Gelenkflächen wiederum nur über anthropologische Untersuchungen bei der Deutung von Rassenunterschieden zu erhalten. Adachi (1905) stellte mazerierte Knochen von Japanern denen von Europäern gegenüber und fand für die Länge der Trochlea tali bei 10 Erwachsenen 33,6 mm und für die Breite 31,0 mm. Der Längenwert stimmt mit unseren Werten nahezu überein. Dagegen ist der Breitenwert größer und übertrifft sogar den von uns ermittelten durchschnittlichen Breitenwert am Feuchtmaterial.

Aus den veröffentlichten Urlisten von Poniatowski (1915) errechneten wir nachträglich einen mittleren Längenwert der Facies superior tali von 35,4 mm, der ebenfalls unserem Mittelwert der Feuchtpräparate entspricht. Unterschiedliche Stichprobengrößen und Rassenmerkmale erklären unter Umständen die Differenzen gegenüber unseren Ergebnissen. Trochleamaße von weißen amerikanischen Individuen, die zur Bestimmung von Geschlechtsunterschieden herangezogen wurden, fanden wir bei Steele (1976). Obwohl der Autor ausschließlich mazerierte Knochen ausgemessen hat, liegen die mittleren Längen- und Breitenwerte im Bereich der von uns errechneten Angaben für das Feuchtmaterial. Möglicherweise deuten die Unterschiede neben der kleineren Stichprobe (n = 28) auf entsprechende Rasseneigentümlichkeiten hin. Ein Vergleich unserer Meßwerte mit Angaben aus den umfangreichen Untersuchungen von Kaschel (1921) sowie Martin u. Saller (1959) über die Trochlea tali erschien nicht möglich. Ohne Ausnahme wurden Längen-Breiten- und Längen-Höhen-Indizes angegeben, um die Gelenkflächen nach Rassenabstammung klassifizieren zu können.

Die Gestalt der Trochlea tali wurde früher vielfach mit einer einfachen Rolle verglichen. Den Durchmesser gab v. Luschka (1865) mit 17 mm an, die 5/12 (≙ 150°) eines Kreisbogens zwischen sich fassen. Lazarus (1896) bestimmte etwas mehr als 1/4 eines Kreisbogens (≙ 100°), Fick (1904) und Lanz u. Wachsmuth (1972) errechneten Krümmungsradien von 20 mm und fanden Bogenwerte der Trochlea, die etwa 1/3 (≙ 120°) eines zugehörigen Kreises entsprechen. Aus unseren Bestimmungen von Krümmungsradien und Öffnungswinkeln geht jedoch hervor, daß die Trochlea im Mittel einen Radius von 21 mm und einen Zentriwinkel von 114° aufweist.

Einige ältere Autoren versuchten das Krümmungsproblem der Trochlea tali mit Hilfe materialaufwendiger Untersuchungsmethoden zu lösen. Außer sagittal geführten Sägeschnitten an mazerierten oder feuchtpräparierten Füßen (Albert 1900; Henkel 1914) wurden Gipsformen (v. Meyer 1873) oder Kerzenwachsabdrücke (Clark 1877) hergestellt, dann geschnitten und schließlich Krümmungen analysiert. Bei diesen Techniken fällt jedoch der Materialverlust beim Zerlegen sehr stark ins Gewicht. Ebenso blieb die Anzahl der möglichen Messungen meistens beschränkt. In anderen älteren Arbeiten wurden keine Methoden oder Techniken angegeben, die eine Reproduktion von Krümmungsmessungen ermöglichen. Wir nehmen daher an, daß die umfangreichen Beschreibungen der Krümmungsform talarer Gelenkkörper durch Langer (1856), Pütz (1876), Lazarus (1896), Fick (1904) oder Strasser (1917) nach Studien an Sägeschnitten erstellt wurden. Möglicherweise wurden nach maßstabsgetreuer zeichnerischer Darstellung mathematische Analysen der räumlichen Gestaltung durchgeführt (Du Bois-Reymond 1903). Die aus der früheren Literatur ersichtlichen Ergebnisse und Beobachtungen weichen zum Teil stark voneinander ab. Eine widerspruchsfreie Deutung der Gestaltung der Trochlea tali wurde dadurch erschwert.

In seiner bemerkenswerten Abhandlung über das Sprunggelenk der Tiere und des Menschen betonte Langer (1856), daß die Trochlea tali keine „gerade“ (= zylinderähnliche), sondern „eine schiefe, auswärts gerichtete Rolle“ darstelle. Deren Ganglinie weicht beim Menschen aus der senkrecht auf die Drehachse gestellten Durchschnittsebene der Trochlea nach außen um etwa 8° ab. Die Beobachtung von Langer hatte Henke (1863) zunächst rigoros abgelehnt, später jedoch nachgeprüft und dann ausdrücklich bestätigt.

In der Formation oberer Sprunggelenkteile beim Pferd, einem Zehenspitzengänger, sah Langer (1856) im übrigen eine typische Sonderform eines Gelenkkörpers entwickelt, der als Teilabschnitt eines Schraubengewindes aufgefaßt wurde. Beim Pferd passen schräggestellte Rollkämme am Talus in gleichsinnig orientierte Führungsnuten an der Tibiaunterseite.

Nach unseren Beobachtungen sind beim Menschen Niveauunterschiede an der Talusrolle und der distalen Tibiagelenkfläche zwar vorhanden, aber schwächer entwickelt. Eine Führungseinrichtung für die Gelenkbewegung ist daraus allerdings nicht abzuleiten. Die ausreichende Führungssicherung bei Exkursionen des Fußes gegen den Unterschenkel wird allein durch die Knöchelgabel und ihre Bandsysteme gewährleistet.

Hueter (1871), Pütz (1876) und Forster (1926) bezeichneten die talocrurale Verbindung als „Schraubengelenk", die in Anpassung eines gewöhnlichen Zylindergelenkes an umfassende statische Veränderungen entstanden sei. Die schräge Überkreuzung der Drehachse durch die Muskelachse komme in Form der schiefen Ganglinie zum Ausdruck. Ob die Schiefheit der Rolle allerdings durch die nach vorne zunehmende Breite der Facies superior der Trochlea entsteht, wie v. Luschka (1865) zunächst darlegte, möchten wir bezweifeln. Es ist eher anzunehmen, daß statische Faktoren die schräge Raumorientierung der Trochlea und ihre Asymmetrie bedingen, wie z.B. die Tibiatorsion, die exzentrische Lage des Talus im Fußskelett oder die Druckbeanspruchung der talaren Knorpelstrukturen durch das Gefüge des Rollendaches.

Andeutungen einer Schraubenform erkannte auch Du Bois-Reymond (1903) an der Talusrolle und führte weiter aus: „Ein Schraubengelenk mit querer Achse ist ein Walzengelenk mit schräger Leitfurche, bei dessen zwangsläufiger Bewegung außer der Drehung um die Walzenachse auch eine Parallelverschiebung längs der Achse stattfindet. Die Steilheit der Schraube, das ist die Schrägung der Leitfurche, ist allerdings so gering, daß die seitliche Verschiebung innerhalb der Dehnungsgrenzen von Kollateralbändern fällt."

Experimentelle Beweise über die mögliche Verschiebung des Talus in Richtung einer Schraubenachse bei gleichzeitiger Drehung um die Bewegungsachse der Trochlea sind in der Literatur nicht auffindbar. Dadurch bestätigt sich Strassers (1917) Ablehnung des Schraubengelenkcharakters der Articulatio talocruralis. Die mediale Randkante der Trochlea, die annähernd in querer Ebene zur oberen Sprunggelenkachse verläuft, wird in der Knöchelgabel fest geführt und läßt somit kein seitliches Ausweichen zu.

Nach den heute als gültig erachteten Vorstellungen von Inman (1976) stellt die Facies superior der Trochlea tali den räumlichen Ausschnitt aus einem Kegelmantel dar, dessen Spitze nach medial zeigt. Ein zweiter stumpfer Kegel als Abformung der seitlichen Knöchelwange ist der nach lateral weisenden Grundfläche des Kegels aufgesetzt. Diese auffällige Formgestaltung hatten bereits v. Meyer (1873) und Clark (1877) beschrieben und waren den damaligen Anschauungen über die Ausbildung eines Schraubengelenkes deutlich entgegengetreten.

Unter Berücksichtigung der von uns durchgeführten Untersuchungen über das Krümmungsverhalten der Trochlea tali erscheinen die Angaben von Inman (1976) jedoch in einigen Punkten unklar: Ein Kegelmantel ist, elementargeometrisch definiert, eine Regelfläche mit stetig wachsendem Flächenumfang und ansteigenden Krümmungsradien von der Kegelspitze bis zur Grundfläche. Da Inman die Konkavität der Trochlea in der Frontalebene unberücksichtigt ließ, kann stereometrisch kein gleichmäßig geformter Kegelmantel vorliegen. Darauf hatte bereits Lazarus (1896) hingewiesen. Eher anzunehmen wären zwei Kegelstümpfe, die sich mit ihren Spitzen im Bereich der tiefsten Punkte der Trochleaoberfläche treffen. Da aber auch Kegelstümpfe gleichmäßig aufgebaut sein müssen, können sie im Bereich der Facies superior nicht als regelhaft gestaltete Vergleichskörper herangezogen werden. Mediale und laterale Trochleakanten weisen nämlich in sagittaler Richtung unterschiedliche Krümmungsradien auf.

Das gegenläufige Krümmungsverhalten der medialen (vorne stärker gebogen, hinten flacher) und lateralen Rollenkante (umgekehrt, vorne flacher, hinten stärker gebogen) wurde bereits von Clark (1877), Boegle (1893) und Lazarus (1896) beschrieben, aber funktionell nicht näher erläutert. Aus dem Auftreten medialer und lateraler Krümmungsunterschiede leiteten Barnett u. Napier (1952) an der Trochlea tali eine Verlagerung der Bewegungsachse des oberen Sprunggelenkes bei Dorsal- und Plantarflexion ab. Hicks (1953) hatte je nach Fußstellung wechselnde Achsenverläufe konstruiert. Mit verbesserter Methodik konnte Inman (1976) jedoch nachweisen, daß sich die Bewegungen im oberen Sprunggelenk auf eine einzige Achse festlegen lassen. In der Regel steht diese nicht, wie Barnett u. Napier (1952) annahmen, senkrecht auf der medialen, sondern auf der lateralen Knöchelgelenkfläche.

Im Rahmen gelenkmechanischer Untersuchungen unter klinischen Gesichtspunkten errechneten Riede et al. (1971, 1973) an frontalen und sagittalen Sägeschnitten normaler Sprungbeine verschiedene Profilquotienten der Trochlea tali. Vergleichsmessungen wurden an Röntgenaufnahmen durchgeführt, um grundlegende Aussagen über die Entstehung von Knorpelschäden im Sinne einer Präarthrose zu erhalten. Die Autoren kamen zu folgenden, anatomisch sehr interessanten Ergebnissen, die weitgehend unsere Untersuchungen bestätigen: Die Rollenkanten sind erstens gegenläufig spiralähnlich gekrümmt. Der Scheitelpunkt der seitlichen Rollenkante liegt gegenüber dem der medialen Kante um etwa 10 mm verlagert dorsal. Aus der Bestimmung des frontalen Talusprofilquotienten (=Verhältnis zwischen Querdurchmesser der Talusrolle zur Tiefe der Führungsmulde) geht zweitens hervor, daß die Rollenkonkavität mit zunehmendem Alter flacher wird. Diese Feststellung trifft auch für den sagittalen Profilquotienten zu. Für die Klinik erscheint die dritte Beobachtung von Wichtigkeit, daß nämlich vermehrt auftretende Knorpelläsionen mit einer stärkeren Konkavität des Talusprofils eng korreliert sind.

Neben den Hauptkrümmungen der Trochlea tali in sagittaler und frontaler Richtung versuchte Boegle (1893), den bogenförmigen Verlauf der Führungsrinne (s. Abb. 24) auf eine leichte Torsion der Rollenfläche zurückzuführen.

Dieser konkaven Führungsrinne, die mit einer konkaven Leiste an der distalen Tibiagelenkfläche korrespondiert, entspricht ein Bewegungsphänomen des Talus in seinem Gleitvorgang während der Plantarflexion, das seit den ersten Beschreibungen durch Boegle (1893) später weitgehend unbeachtet geblieben ist. Während der Plantarflexion dreht sich der Talus im Sinne einer supinatorischen Rotation nach innen und beeinflußt außerdem die Adduktion des Vorfußes. Eine Mittelsenkrechte auf dem Caput tali weicht dabei in der Extremstellung um etwa 15° vom Verlauf der Tibialängsachse ab (s. Abb. 25A, B).

Die Führung übernimmt bei den oberen Sprunggelenkbewegungen nicht, wie v. Meyer (1873) annahm, die fibulare Gelenkseite, sondern die talo-tibiale Knöchelverbindung. Da die mediale Rollenkante der Führungsrinne annähernd parallel verläuft, beeinflußt sie ebenfalls die supinatorische Rotation. Die fibulare Knöchelgelenkfläche dient im wesentlichen nur als Widerlager für den unteren Wadenbeinabschnitt. Die ausgeprägte Konkavität der Facies malleolaris lateralis beschrieben daher Rigaud et al. (1961) als „Sustentaculum fibulae“.

Eine gedankliche Trennung der talocruralen, subtalaren und intertarsalen Bewegungsabläufe ist nach unseren Überlegungen unbefriedigend. Braus u. Elze (1954) deuteten schon an, daß Bewegungen des Fußes gegen den Unterschenkel und umgekehrt immer zusammen in beiden Sprunggelenken ablaufen. Vergleiche, die Bewegungseinrichtungen der Unterschenkel-Fuß-Region mit einem „Kardangelenk“ (Wright et al. 1964) gleichzusetzen, erscheinen nach unserer Meinung durch den unterschiedlichen Verlauf der Bewegungsachsen beider Sprunggelenke nicht gerechtfertigt. In einer mechanischen Kardanverbindung werden zwangsgebundene Rotationsbewegungen von einer festen Achse auf die unter einem wechselnden Winkel abweichende, zweite Achse ohne Energieverlust übertragen. Der Sprunggelenkkomplex stellt aber nach Analyse unserer Krümmungsprofile kein streng mechanisch konstruiertes Gebilde dar, sonst müßten Drehbewegungen des Unterschenkels um seine vertikale Längsachse zwangsläufig zu ziemlich heftigen Rotationen des Fußes um seine Längsachse führen. Vielmehr wird im oberen Sprunggelenk während der Plantarflexion eine einwärts gerichtete Rotation eingeleitet, die sich ununterbrochen auf die Supinations-Adduktionsbewegungen im unteren Sprunggelenk fortsetzen. Die erste Phase dieser Bewegung ist auf die charakteristischen Krümmungen der korrespondierenden talocruralen Gelenkflächen zurückzuführen, die sich in der zweiten Phase im unteren Sprunggelenk fortsetzen.

Wir schlagen daher vor, den Begriff „Scharniergelenk“ als Hinweis auf die Funktion der Articulatio talocruralis sowie ihre tatsächliche Bewegungsmöglichkeit nur unter didaktischen Gesichtspunkten zu verwenden. Die bisher nicht beachtete Rotationskomponente widerspricht dem einachsigen Bewegungsablauf im oberen Sprunggelenk.

3.2 Unteres Sprunggelenk

[Articulatio subtalaris und Articulatio talocalcaneonavicularis]

3.2.1 Terminologie

Das untere Sprunggelenk besteht anatomisch aus zwei getrennten Kammern, die jedoch eine funktionelle Einheit darstellen. Der hintere Teilabschnitt, Articulatio subtalaris, setzt sich aus zwei schräg zur Längsachse des Fußes orientierten Gelenkflächen zusammen. Die talare, konkav gekrümmte *Facies articularis calcanea posterior* befindet sich an der Unterseite des Corpus tali. Die calcaneare korrespondierende, konvex gekrümmte *Facies articularis talaris posterior* liegt an der Oberseite des Calcaneus etwa über dessen Mitte.

Durch die im Sinus und Canalis tarsi angehefteten Bandsysteme sowie eigene Gelenkkapseln, die vollständig von der hinteren Gelenkkammer getrennt sind, besteht die vordere Abteilung des unteren Sprunggelenkes, *Articulatio talocalcaneonavicularis,* aus 6 Gelenkflächen. An der Unterseite des Caput tali dehnen sich zwei, ebenfalls schräg orientierte, kleinere Gelenkfacetten aus, *Facies articularis calcanea media und anterior.* In der Regel lassen sie sich durch eine zarte Leiste voneinander abgrenzen. Manchmal bestehen fließende Übergänge zwischen diesen im ganzen konvex gekrümmten Artikulationsflächen.

In Größe und Umrißform etwas abweichend, erstrecken sich die korrespondierenden Gelenkflächen des Calcaneus, *Facies articularis talaris media und anterior,* vom Sustentaculum tali bis zur Vorderkante des Fersenbeines.

Zur vorderen Abteilung des unteren Sprunggelenkes gehören ferner noch die konvexe *Facies articularis navicularis* an der Stirnseite des Caput tali sowie die konkave *Facies articularis posterior ossis navicularis.* An der Unterseite des Taluskopfes entwickelt sich medial eine akzessorische knorpelbedeckte Fläche, die der *Fibrocartilago navicularis* (His 1895, v. Volkmann 1975) als mediale Verstärkung des Ligamentum calcaneonaviculare plantare anliegt (Abb. 29).

In 2 Fällen von insgesamt 42 von uns untersuchten feuchtpräparierten Sprungbeinen fand sich ein *Os trigonum tali* (Rosenmüller 1804, zit. nach Pfitzner 1896). Dieser

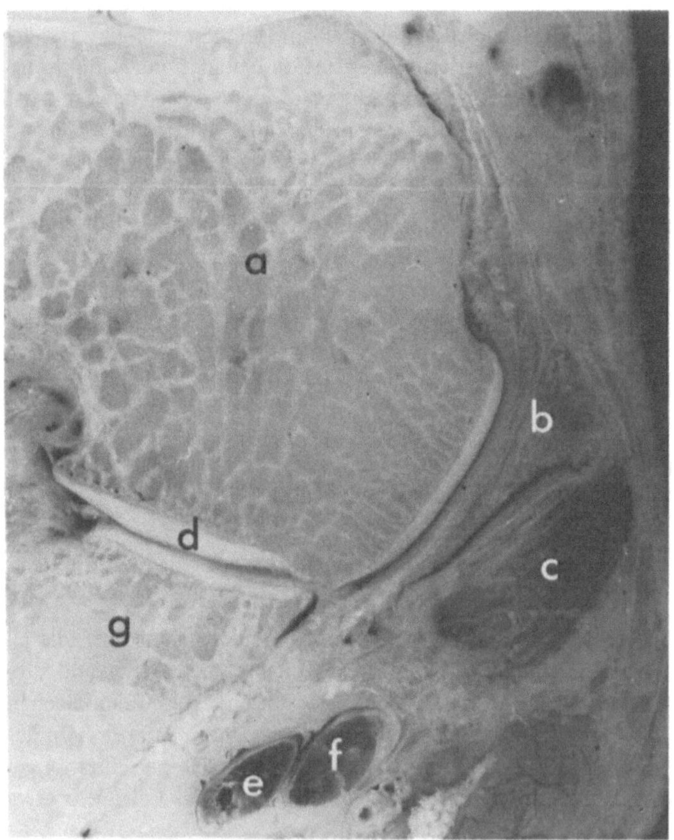

Abb. 29. Frontalschnitt im Bereich des unteren Sprunggelenkes. 73 Jahre ♂. a = Talus; b = Ligamentum calcaneonaviculare plantare und Fibrocartilago navicularis; c = Sehne des Musculus tibialis posterior; d = Gelenkspalt der Articulatio talocalcaneonavicularis; e = Sehne des Musculus flexor hallucis longus; f = Sehne des Musculus flexor digitorum longus; g = Calcaneus

etwa haselnußgroße akzessorische Knochen am hinteren Ende des Sprungbeines besitzt eine eigene, nach unten weisende, unregelmäßig gesäumte Knorpeloberfläche. Durch einen schmalen Spaltraum setzt sie sich deutlich gegen die Facies articularis calcanea posterior ab.

3.2.2 Größen- und Formverhältnisse der unteren Sprunggelenkflächen

3.2.2.1 Talus

Facies articularis calcanea posterior (Abb. 30, 31)

Länge. Diese in der Längsrichtung konkave Artikulationsfläche ist in der Aufsicht zumeist unregelmäßig begrenzt, manchmal bohnenförmig oder nach Fick (1904) „abgerundet rechteckig" gestaltet.

Die mittlere Länge beträgt bei den mazerierten Tali 31,0 (± 3,39) mm und erhöht sich bei den Feuchtpräparaten auf einen mittleren Wert von 32,8 (± 2,07) mm. Die Seitendifferenzen sind sehr gering, so daß sie statistisch nicht gesichert sind. Die Längsachse der Facies articularis calcanea posterior weicht im Winkel 44,1° von der Trochlealängsachse ab.

Breite. Die untere dorsale Talusgelenkfläche ist in beiden Untersuchungsgruppen zwischen 21,5 (± 2,23) mm (mazeriert) und 22,9 (± 2,18) mm (feucht) breit. Länge und Breite verhalten sich also wie 3:2. Seitenunterschiede sind ebenfalls so gering, daß sie vernachlässigt werden können.

Tiefe. Die mittlere Tiefe errechnete sich mit etwa 6 mm, wobei Gelenkflächen mit Knorpelbedeckung etwas flacher konturiert sind als mazerierte.

Facies articularis calcanea media (Abb. 32)

Sie liegt unmittelbar vor dem Sulcus tali nach medial gewendet und ist zumeist oval, manchmal rundlich begrenzt.

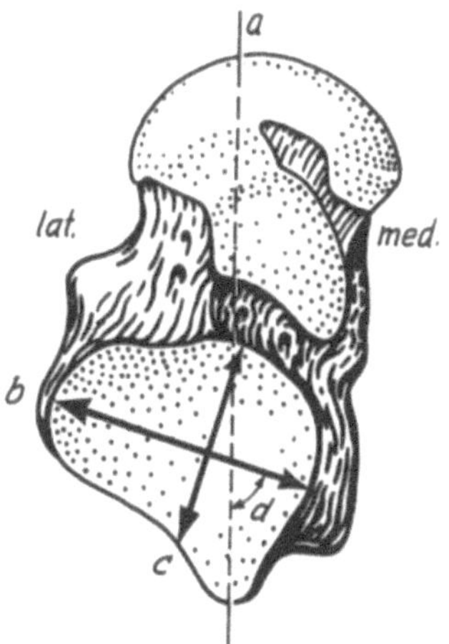

Abb. 30. Talus. Ansicht von plantar. Meßstrecken und Winkel der Facies articularis calcanea posterior. a = Trochlealängsachse; b = größte Länge; c = größte Breite; d = Winkel zwischen größter Länge und Trochlealängsachse

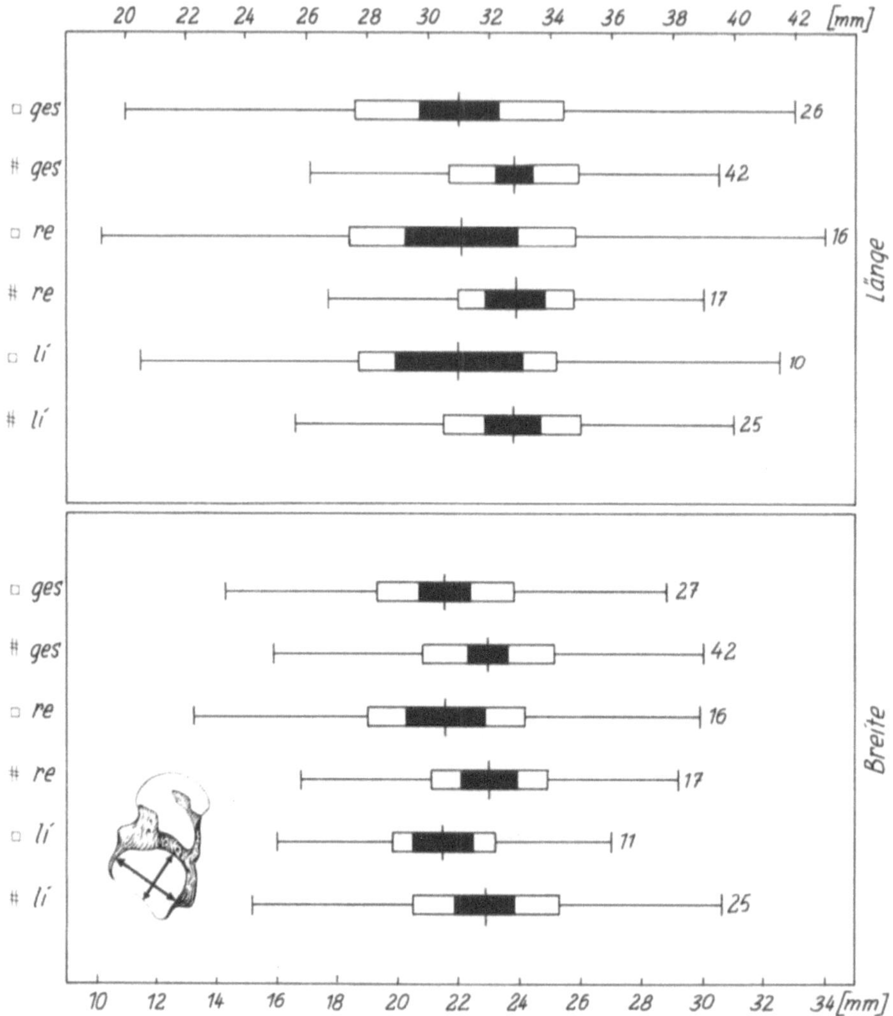

Abb. 31. Talus. Facies articularis calcanea posterior. Länge und Breite

Länge. Bei mazerierten Gelenkflächen ist sie im Mittel 22,2 (± 3,61) mm lang, bei knorpelbedeckten beträgt die mittlere Länge nur 20,6 (± 3,06) mm. Seitendifferenzen sind in beiden Untersuchungsgruppen auffällig, aber nach Auswertung der Prüfgrößen nicht signifikant.

Breite. In der Breite unterscheiden sich mazerierte und feuchtpräparierte Gelenkflächen kaum. Im Mittel erstrecken sich die Breiten auf etwa 13 mm. Seitenunterschiede sind nur bei den Mazerationspräparaten statistisch gesichert. Die Längsachse der mittleren unteren Talusgelenkfläche bildet mit jener der Facies articularis calcanea posterior einen nach lateral offenen Winkel von 17,3°.

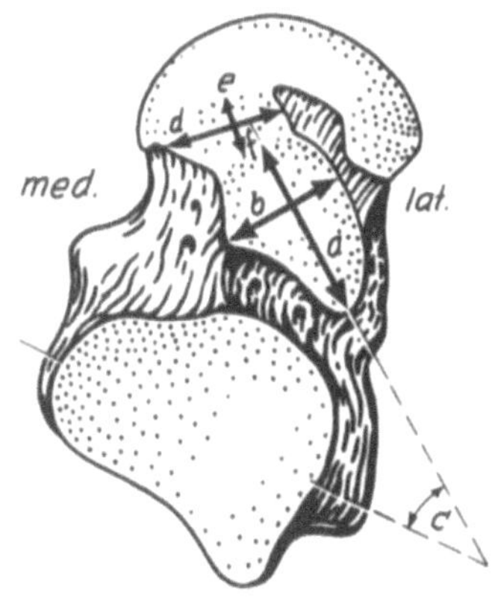

Abb. 32. Talus. Ansicht von plantar. Meßstrecken und Winkel der Facies articularis calcanea media und Facies articularis calcanea anterior. a = größte Länge; b = größte Breite; c = Winkel zwischen den Längsachsen der hinteren und mittleren Fläche; d = größte Länge; e = größte Breite; f = Winkel zwischen den Längsachsen der mittleren und vorderen Fläche

Facies articularis calcanea anterior (s. Abb. 32)

Die kleinste Gelenkfläche an der Unterseite des Talus ist vielfach nicht mit exakter Sicherheit gegen die mittlere Facette abzugrenzen. Außerdem kann sie unmittelbar in die Knorpelbedeckung der Facies articularis navicularis übergehen. Daher ist die Stichprobenzahl geringer als bei den übrigen Gelenkflächen.

Länge. Die meist rautenförmig begrenzte vordere Facette ist bei den mazerierten Tali im Mittel 16,7 (± 2,63) mm lang. An feuchtpräparierten Tali ist sie 1,5 mm länger [18,2 (± 2,99) mm]. Seitendifferenzen sind sowohl bei den Mazerationspräparaten als auch beim Feuchtmaterial zugunsten rechter Tali signifikant.

Breite. Hierin unterscheiden sich die vorderen unteren Talusgelenkflächen beider Untersuchungsgruppen nur wenig. Die mittlere Breitenausdehnung liegt zwischen 9,3 (± 1,39) mm (mazerierte) und 9,7 (± 2,03) mm (feuchtpräparierte Tali). Seitenunterschiede sind geringfügig vorhanden, spielen aber prüfstatistisch keine Rolle.

Die Längsachsen der mittleren und vorderen unteren Talusgelenkflächen stoßen unter einem nach hinten offenen Winkel zusammen. Im Mittel beträgt die Abweichung beider Längsachsen 144,7°.

Facies articularis navicularis (Abb. 33)

Sie ist konvex gekrümmt und stellt ein schräggeneigtes Rechteck mit abgerundeten Kanten dar (Fick 1904). Nach Meyer (1873) soll die Oberfläche wendeltreppenartig um das Caput tali herumführen. Boegle (1893) vergleicht die Facetten des Taluskopfes einschließlich der akzessorischen Berührungsfläche, die der Fibrocartilago navicularis gegenüberliegt, mit dem Windungsrohr eines Weinbergschneckenhauses. Die Längsachse der Facies articularis navicularis schneidet eine Tangente über dem medialen und lateralen Rand der Trochlea tali unter einem mittleren Winkel von 42° (Torsionswinkel des Caput tali).

Überraschend sind Längen- und Breitenwerte der Gelenkfläche am Taluskopf fast identisch mit denen der Facies articularis calcanea posterior. Länge und Breite verhalten sich jeweils wie 3:2.

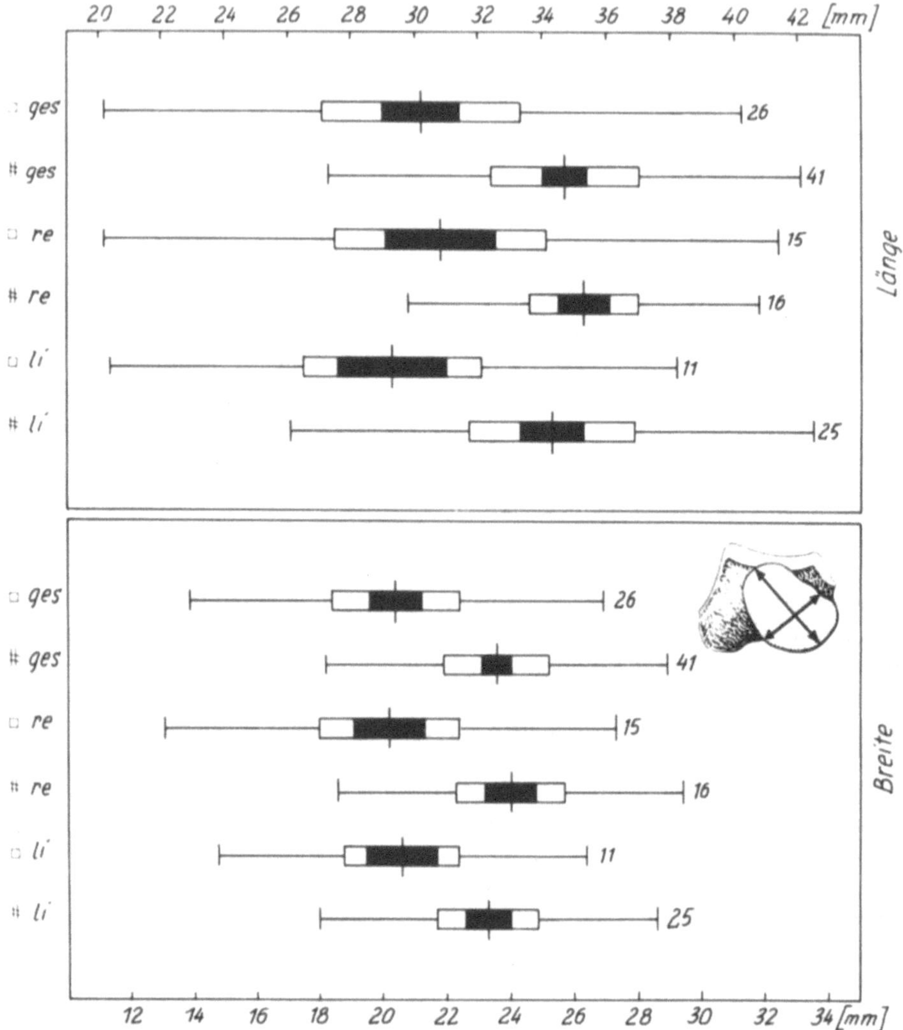

Abb. 33. Talus. Facies articularis navicularis. Länge und Breite

Länge. Die mittlere Länge beträgt am mazerierten Material 30,2 (± 3,10) mm und vergrößert sich auffallend bei Feuchtpräparaten auf 34,7 (± 2,28) mm. Seitenunterschiede sind zugunsten rechter Tali geringfügig nachzuweisen. Die Berechnungen der t-Werte ergaben jedoch keine Signifikanz.

Breite. In der größten Breite unterscheiden sich mazerierte und feuchtpräparierte Gelenkflächen des Taluskopfes ebenfalls geringfügig. Während bei mazerierten Tali die mittlere Breite Werte von 20,4 (± 2,00) mm aufweist, erhöhen sie sich bei feuchtpräparierten auf 23,6 (± 1,65) mm. Prüfstatistisch sind ebenfalls keine signifikanten Unterschiede zwischen der Breite der Stirnflächen rechter und linker Tali beider Untersuchungsgruppen festzustellen.

3.2.2.2 Calcaneus

Anthropometrische Basismaße vom Fersenbein konnten nur an 25 mazerierten Einzelknochen erhoben werden. Der größte Knochen der Fußwurzel ist im Mittel 78,4 (± 5,79) mm lang und 42,3 (± 4,27) mm hoch. Da die Breite wegen der unregelmäßigen räumlichen Konfiguration nicht einheitlich festzulegen ist, wurden nach Vorschlag von Martin u. Saller (1957) eine mittlere Breite a von 41,6 (± 3,46) mm, eine Sustentaculumbreite b von 43,0 (± 4,32) mm und eine kleinste Breite c von 27,1 (± 3,37) mm errechnet.

Für Korrelations- und Regressionsberechnungen eignen sich die Basismaße nicht, da Bestimmungen von linearen Zusammenhängen wegen der schrägorientierten Gelenkflächen keine zulässigen Aussagen ergeben würden.

Facies articularis talaris posterior (Abb. 34, 35)

Die auf der oberen Seite des länglich gestreckten Fersenbeines liegende Gelenkfläche der Articulatio subtalaris ist schräg nach vorn geneigt und begrenzt mit ihrer Vorderkante den unterschiedlich tiefen Sulcus calcanei. In der Aufsicht ist sie ebenso wie die korrespondierende Artikulationsfläche am Talus unregelmäßig gestaltet. Der Flächenumriß erscheint sehr variabel, wobei am häufigsten ovale oder dreieckige Figuren mit abgerundeten Ecken beobachtet werden können. Vielfach erkennt man eine zum Sustentaculum tali reichende, zungenartige Verlängerung der Knorpelfläche.

Parallel zur Längsachse ist die Facies articularis talaris posterior konvex gekrümmt. Im Bereich der größten Breite erscheint sie dagegen konkav ausgestellt, so daß zumindest in diesem Abschnitt eine sattelähnliche Form entsteht, deren Rundungen gegen den medialen und lateralen Flächenrand immer mehr verstreichen.

Im übrigen steht der mediale Rand im Mittel 14,1 mm höher als der laterale, ein Wert, der die Schrägneigung der Facies articularis talaris posterior nach vorn bestätigt.

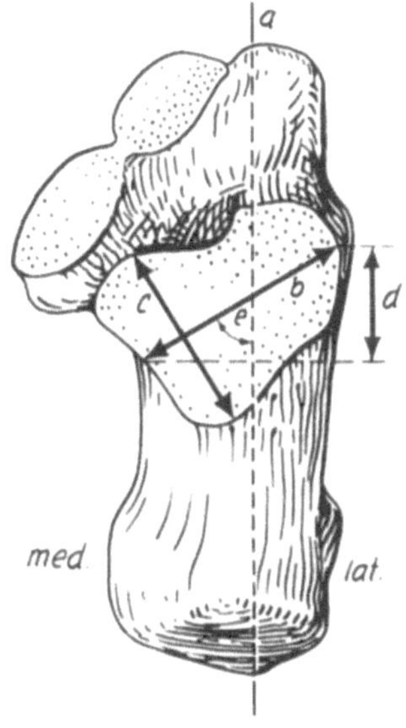

Abb. 34. Calcaneus. Ansicht von oben. Meßstrecken und Winkel der Facies articularis talaris posterior. a = Calcaneuslängsachse; b = größte Länge; c = größte Breite; d = Höhendifferenz zwischen dem medialen und lateralen Rand; e = Winkel zwischen größter Flächenlänge und Calcaneuslängsachse

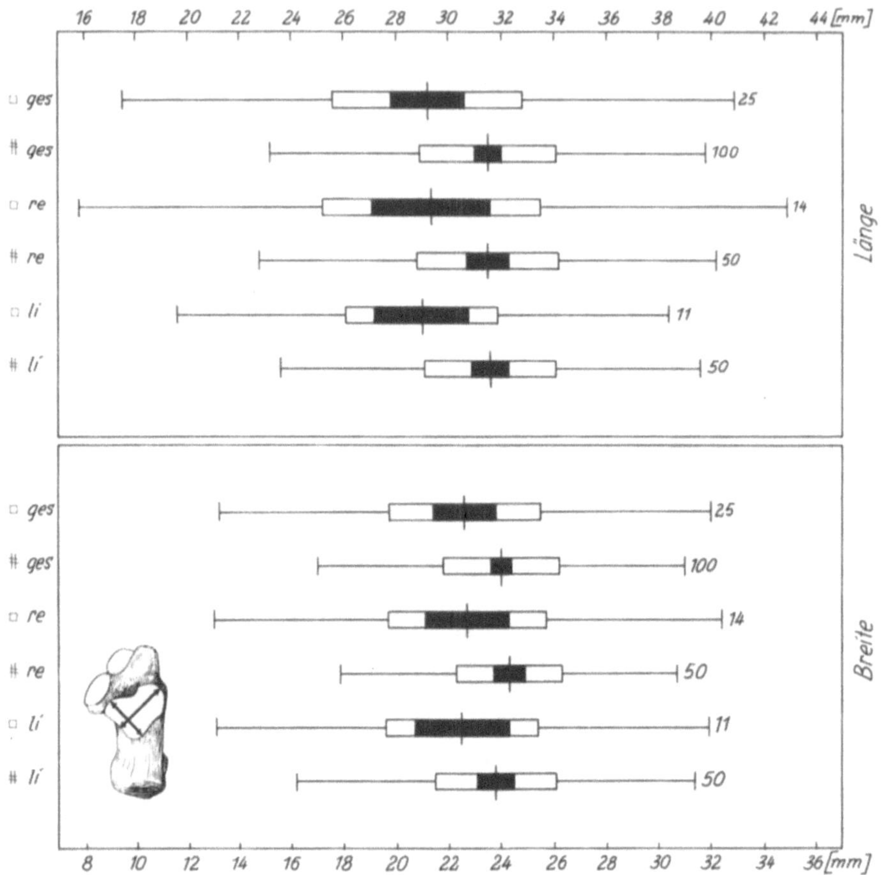

Abb. 35. Calcaneus. Facies articularis talaris posterior. Länge und Breite

Die Längsachse der Gelenkfläche weicht in einem nach hinten offenen Spitzwinkel von 39,4° gegenüber der Calcaneuslängsachse ab.

Länge. Die Fersenbeingelenkfläche der Articulatio subtalaris ist im Mittel 29,2 (± 3,61) mm lang (mazerierte) gegenüber 31,5 (± 2,57) mm (feuchte Präparate). Die Seitendifferenzen sind in beiden Gruppen sehr gering und ergeben prüfstatistisch keine Signifikanz.

Breite. Auch in der mittleren Breite zeigen sich bei den feuchtpräparierten Calcanei etwas höhere Werte als bei den mazerierten. Die mittlere Breite der Facies articularis talaris posterior beträgt mazeriert 22,6 (± 2,89) mm und feucht 24,0 (± 2,17) mm. Signifikante Unterschiede bei den Seitenvergleichen sind nicht feststellbar.

Stellt man die Ergebnisse von Längen- und Breitenmessungen der korrespondierenden Artikulationsflächen an Talus und Calcaneus einander gegenüber, so kommt man zu folgenden Feststellungen:

1. In der Länge überwiegen geringfügig die talaren Meßwerte.
2. In der Breite sind dagegen die calcanearen Meßwerte leicht erhöht.

Eine Inkongruenz der Gelenkflächen daraus abzuleiten, dürfte jedoch verfehlt sein, da das untersuchte Skelettmaterial sehr inhomogen ist. Schlüssige Beweise können jedoch nur durch Untersuchungen bekräftigt werden, die an zugehörigen Fußwurzelknochen unternommen werden. Da diese Möglichkeiten im Laufe unserer Arbeiten methodisch nicht gegeben waren, muß obige Feststellung *vorsichtig* interpretiert werden.

Facies articularis talaris media (Abb. 36)

Als Gelenkfläche des Sustentaculum tali ist sie ebenfalls schräg nach vorn geneigt und bildet mit der nicht an allen Fersenbeinen angelegten Facies articularis talaris media eine auffällige Konkavität, in der die Artikulationsflächen des Talus schleifen.

Der Höhenunterschied vom hinteren zum vorderen Gelenkflächenrand beträgt 13,5 mm und ist somit fast genauso groß wie die Höhendifferenz der Ränder der hinteren Fersenbeingelenkfläche. Längen- und Breitenmessungen konnten nur an mazerierten Fersenbeinen durchgeführt werden.

Länge und Breite. Im Mittel ist die mazerierte Gelenkfläche auf dem Sustentaculum tali 20,3 (± 2,29) mm lang und 12,0 (± 1,56) mm breit. Seitendifferenzen sind prüfstatistisch unbedeutend.

Facies articularis talaris anterior (Abb. 36)

Wie oben erwähnt, ist die Ausbildung einer vorderen Fersenbeingelenkfläche keineswegs die Regel. Unter 25 mazerierten Calcanei konnte die kleinste Fersenbeingelenkfläche in 17 Fällen (≙ 68%) vermessen werden. Kommt sie nicht isoliert vor, so ist sie meistens mit der Facies articularis talaris media durch eine schmale Knorpelbrücke „sandalenförmig" verschmolzen (Braus u. Elze 1954). Sie ragt über die Stirnfläche des Calcaneus hinweg, so daß über der Facies articularis cuboidea ein schmaler Sims entsteht.

Zwischen den Längsachsen mittlerer und vorderer Fersenbeingelenkflächen kann man einen nach lateral offenen Winkel von 166° im Mittel abgreifen.

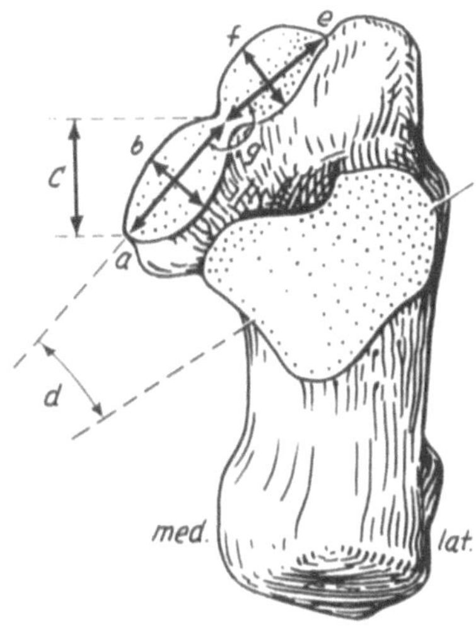

Abb. 36. Calcaneus. Ansicht von oben. Meßstrecken und Winkel der Facies articularis talaris media und der Facies articularis talaris anterior. a = größte Länge; b = größte Breite; c = Höhendifferenz zwischen Vorder- und Hinterrand; d = Winkel zwischen den Längsachsen von hinterer und mittlerer Gelenkfläche; e = größte Länge; f = größte Breite; g = Winkel zwischen den Längsachsen von mittlerer und vorderer Gelenkfläche

Länge und Breite. Die mittlere Länge umfaßt einen Wert von 12,2 (± 1,76) mm, während die mittlere Breite 8,3 (± 0,95) mm aufweist. Seitenunterschiede liegen in derselben Größenordnung wie bei der mittleren Gelenkfläche und sind prüfstatistisch ebenfalls nicht gesichert.

3.2.2.3 Os naviculare

Für die Messungen der Flächengrößen standen ebenfalls nur 25 mazerierte Kahnbeine des Fußes zur Verfügung. Als kleinster der am Aufbau der Sprunggelenke beteiligten Knochen ist das Naviculare durch seinen Einbau in das Fußskelett mehr breiten- als höhenbetont. Im Mittel beträgt die Breite fast 40 mm bei einer Höhe von 27 mm. Beide Basismaße wären allerdings erheblich kleiner, wenn die medial gelegene Tuberositas ossis navicularis nicht die Breitenmaße stärker und ein zur Planta pedis weisender, keilförmiger, manchmal ausgesprochen spitzer Fortsatz die Höhenwerte geringfügiger vergrößern würde. Das Kahnbein ist medial mit fast 19 mm etwa ein Drittel dicker als lateral (= 12 mm).

Facies articularis posterior ossis navicularis (Abb. 37)

Die der Knorpelfläche des Taluskopfes zugewendete hintere Kahnbeingelenkfläche ist in allen Richtungen des Raumes konkav gekrümmt. In der Längsausdehnung geringfü-

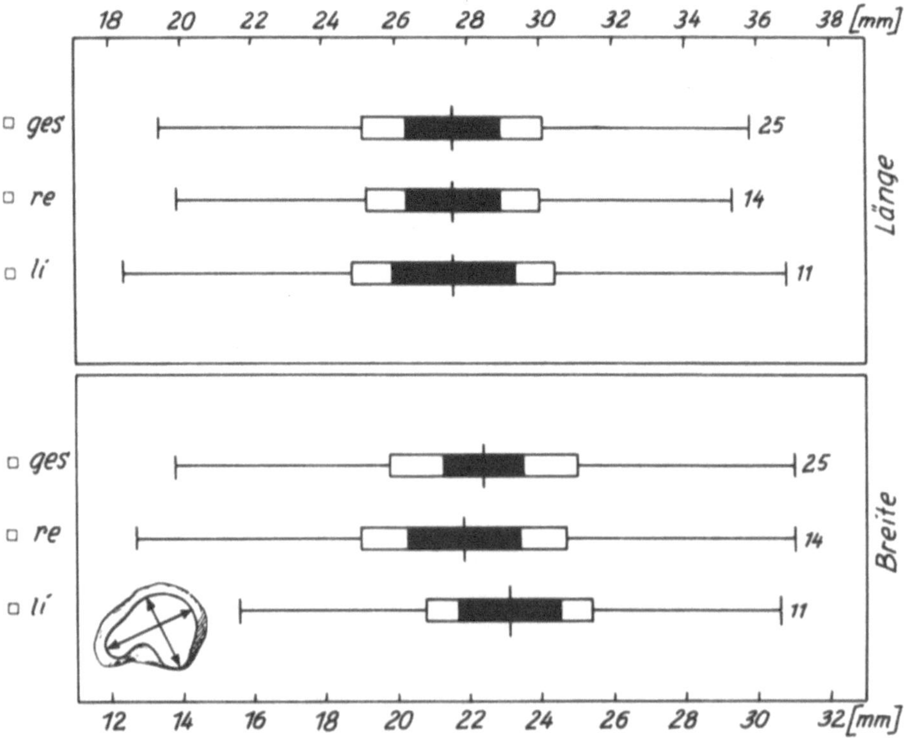

Abb. 37. Os naviculare. Facies articularis posterior. Länge und Breite

gig kleiner, ist sie in der Breite etwas größer als die korrespondierende Facies articularis navicularis tali.

Länge und Breite. Die mittlere Länge beträgt 27,6 (± 2,53) mm, die mittlere Breite 22,4 (± 2,64) mm. Die Seitendifferenz für die Längenwerte liegt bei 0,01 mm nicht mehr im meßbaren, sondern nur noch im rechnerischen Bereich. In der Breite sind die linken Gelenkflächen 1,3 mm größer, wobei jedoch diese Angabe nicht als gesichert betrachtet werden kann.

Tiefe. Die konkave Facies articularis posterior hat im Mittel ihren tiefsten Punkt 5,6 (± 0,81) mm unterhalb der beiden Seitenränder der Gelenkflächen. Obwohl sich die Tiefe der linken Gelenkfläche auf dem Niveau der 0,1%-Sicherung von der rechten unterscheidet, ist diese statistische Aussage wiederum vorsichtig zu interpretieren, da erstens die Stichprobe sehr klein ist und zweitens die rechnerische Differenz zwischen den Mittelwerten nur 0,54 mm beträgt.

3.2.3 Krümmungsprofile der Artikulationsflächen des unteren Sprunggelenkes

Die Krümmungsverhältnisse der subtalaren und talotarsalen Gelenkflächen unterscheiden sich von denen der Articulatio talocruralis in wesentlichen Punkten, die durch den schrägorientierten Einbau und ihre geänderte Funktion erklärbar sind. Alle Knorpelareale sind räumlich so gestellt, daß ihre Achsenverläufe von den üblichen Bezugsebenen am Fußskelett erheblich abweichen. Außerdem sind die gegenläufig gekrümmten Gelenkflächen zwischen Talus, Calcaneus und Os naviculare auf zwei vollkommen getrennte Gelenkkammern verteilt. Durch Verkopplung innerhalb einer kinematischen Gliederkette laufen in beiden unteren Sprunggelenkkammern jedoch zwangsläufig dieselben Bewegungen ab, da die proximalen Fußwurzelknochen in der hinteren und vorderen Gelenkabteilung im Wechsel Gelenkkopf und -pfanne aufbauen.

Die Facies articularis calcanea posterior tali ist parallel zum Längsdurchmesser konkav gekrümmt. In der Regel können nach elastomerer Abformung 3–4 Kunststoffschnitte hergestellt werden, die sich für Untersuchungen des exakten Krümmungsprofils parallel zur Flächenlänge besonders eignen. Dabei fällt nach Durchsicht der in Flächenlängsrichtung erhaltenen Umrisse auf, daß die konkave Krümmung nicht stetig ist, sondern die jeweiligen Krümmungsradien unter Andeutung einer spiraligen Aufrollung von lateral nach medial kleiner werden (Abb. 38A). Ohne auf exakte mathematische Berechnungen zurückzugreifen, haben wir lediglich an den medialen Flächenabschnitten standardisierte Kreisschablonen angelegt, um die Krümmungsverhältnisse in übersichtlicher Form erfassen zu können. Da außerdem die Krümmungsradien von hinten nach vorn ebenfalls abnehmen, entsteht ein äußerst kompliziertes Bild vom Krümmungsprofil, das mit einfachen mathematischen Berechnungen nicht ausreichend zu definieren ist.

Die Gelenkfläche ist nahe dem Sulcus tali und medial stärker durchgebogen als an der hinteren Knorpelkante. Parallel und lateral zur Längenmeßlinie wurde an mazerierten Tali ein Krümmungsradius von 20,0 mm bestimmt (Mittelwert). Feuchtpräparierte Tali haben dagegen, durch die Knorpelauflage bedingt, etwas kleinere Radien. Im Mittel liegen sie bei 19,1 mm. Die Kreisausschnitte besitzen Mittelpunktswinkel von 90,6° (mazerierte Tali) und 80,0° (feuchtpräparierte).

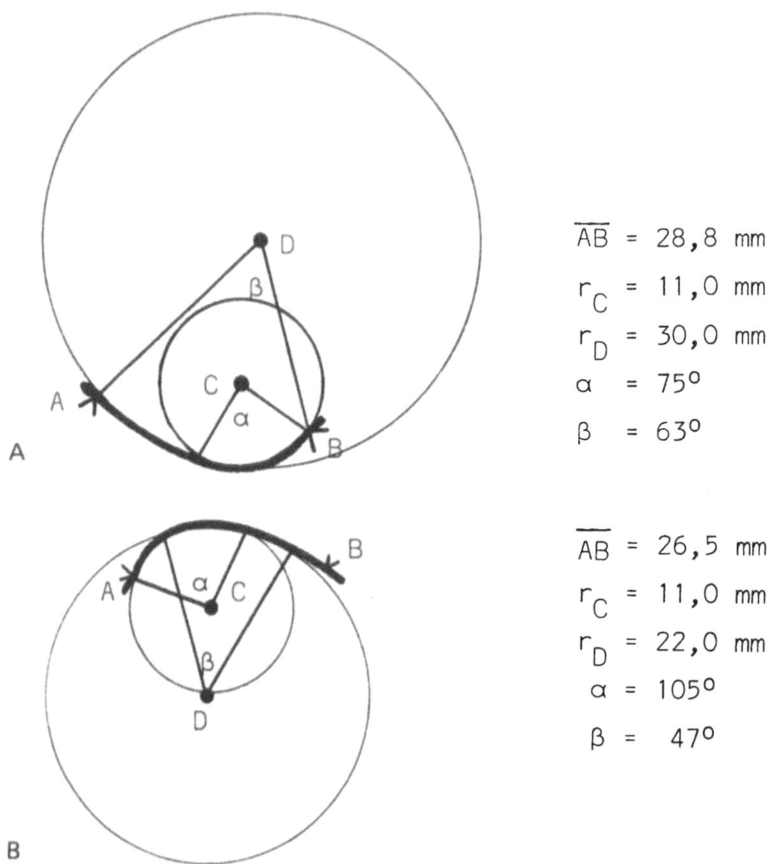

Abb. 38. A. Talus. Links. Krümmungsprofil der Facies articularis calcanea posterior parallel zur größten Länge. Darstellung der unterschiedlich stark gekrümmten Gelenkoberfläche mit Hilfe von zwei Krümmungskreisen, B. Calcaneus. Links. Krümmungsprofil der Facies articularis talaris posterior parallel zur größten Länge. Darstellung der unterschiedlich stark gekrümmten Gelenkfläche mit Hilfe von zwei Krümmungskreisen

Parallel zur Breite ist die hintere untere Talusgelenkfläche durchweg sehr flach. Über die Fläche verteilt, können die Umrißlinien in dieser Schnittrichtung ganz unterschiedlich aufgebogen sein. Von schwacher Konkavität über völlig gerade oder wellenförmige Konturen bis zu schwacher Konvexität sind viele Übergangsformen zu finden.

Eine Aufstellung der Krümmungsprofile als Nachweis variabel geformter Oberflächen der Facies articularis calcanea posterior zeigt die Abb. 39. Die Umrißlinien entsprechen der Gelenkflächenkontur parallel zur größten Länge bzw. größten Breite. Während bei den Umrißlinien (Länge) die unterschiedliche Stärke der Konkavität erkennbar wird, zeigen die Umrißlinien (Breite) zunächst sehr unauffällige Konturformen.

Durch die Abb. 40A, B wird diese Beobachtung teilweise bestätigt. An zwei sagittal geschnittenen Füßen Erwachsener sind durch Rechteckmarkierungen die Flächenkonturen der Articulatio subtalaris hervorgehoben. Da jedoch Sägeschnittrichtungen am Fußpräparat nicht völlig mit der Schnittrichtung der zerlegten Abdruckformen

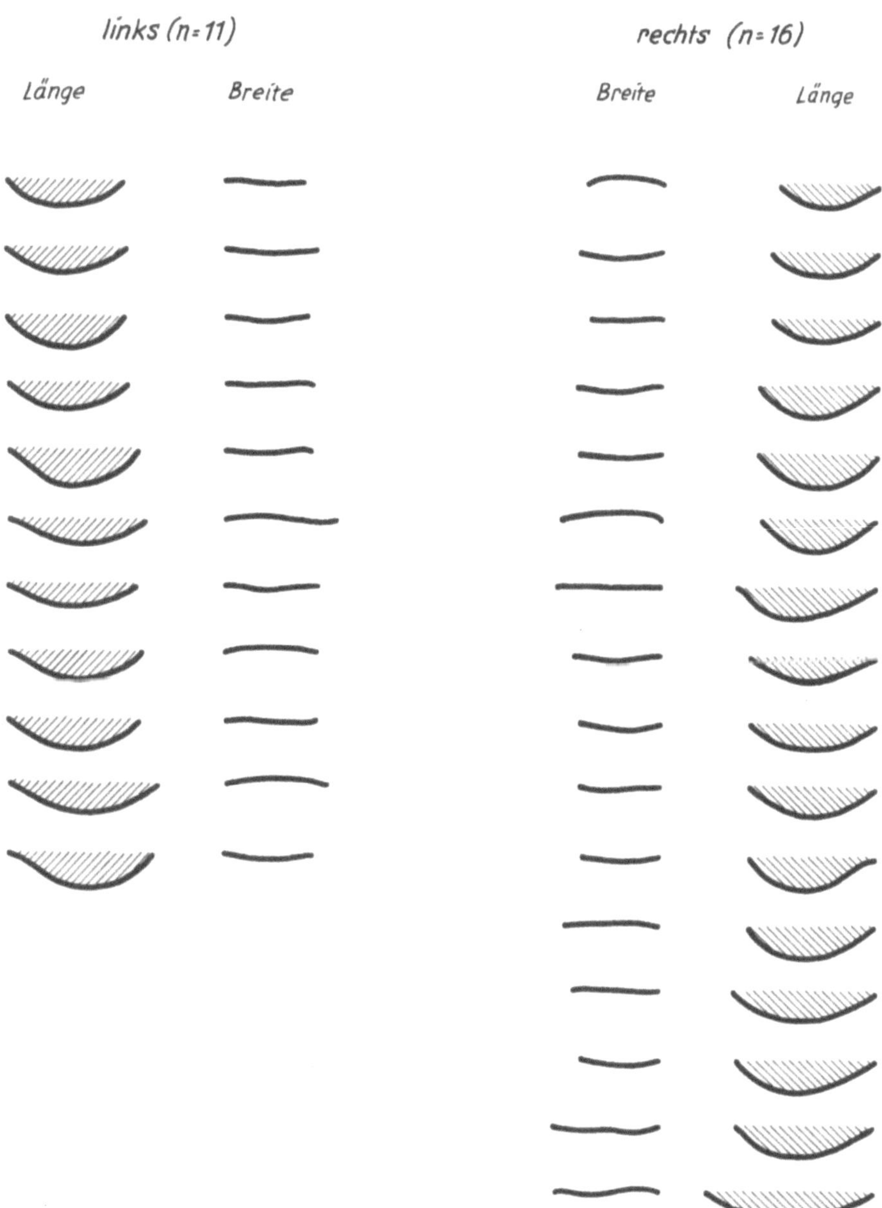

Abb. 39. Talus. Facies articularis calcanea posterior. Variationen der Krümmungsprofile. Nachzeichnungen von Schnittumrissen, die parallel zur größten Länge sowie zur größten Breite angefertigt wurden

übereinstimmen, ist das Krümmungsprofil in Höhe des Canalis tarsi (Abb. 40A) fast plan. Dagegen entwickelt sich eine stärkere Konkavität im Bereich des Sinus tarsi (Abb. 40B).

Die dem Fersenbein zugehörige Artikulationsfläche des subtalaren Sprunggelenkabschnittes, *Facies articularis talaris posterior*, ist in Längsrichtung konvex gekrümmt (s. Abb. 38B). Die mittleren Krümmungsradien betragen beim mazerierten 19,4 mm ge-

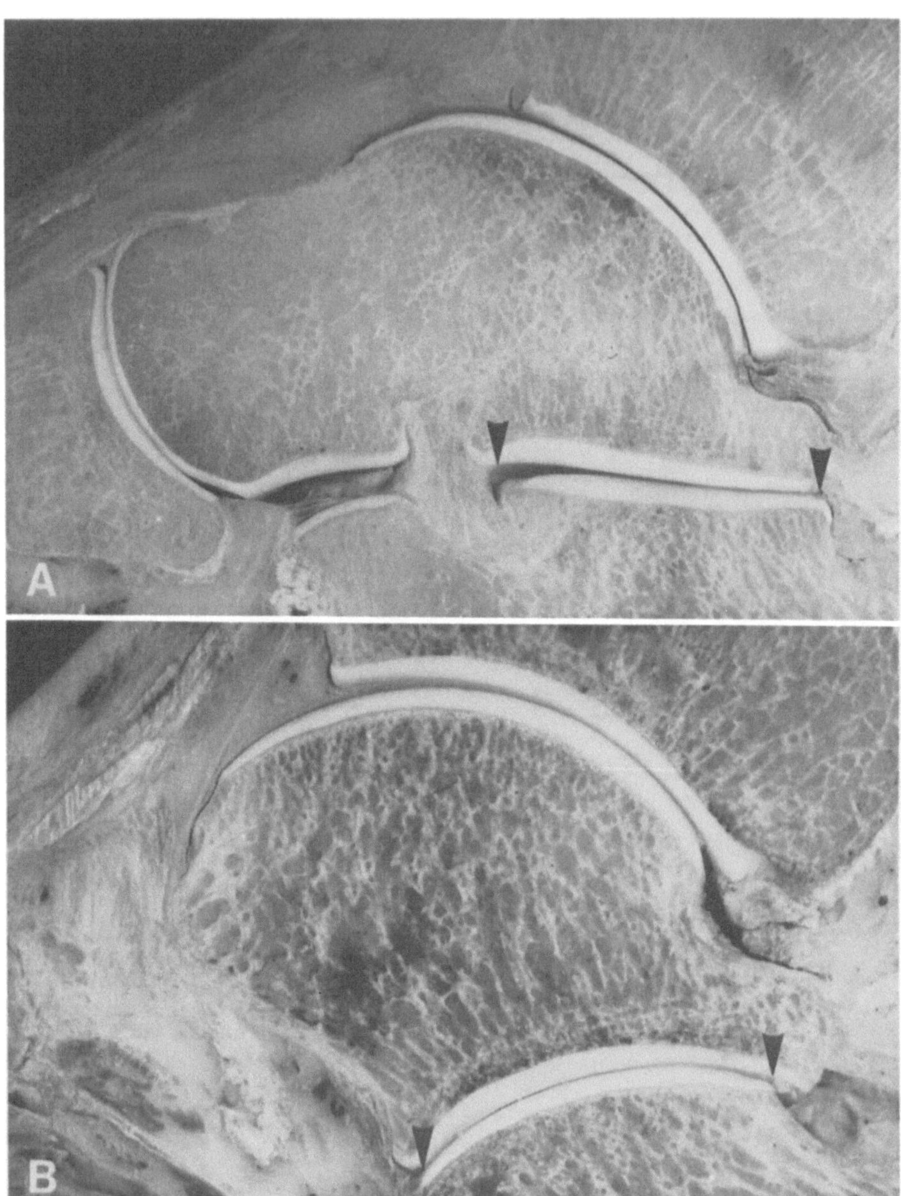

Abb. 40 A, B. Sagittalschnitte im Bereich beider Sprunggelenke. Unterschiedliches Krümmungsverhalten der Gelenkflächen der Articulatio subtalaris (siehe Pfeile). A. medial (im Bereich des Canalis tarsi), B. lateral (im Bereich des Sinus tarsi)

genüber 18,4 mm beim feuchtpräparierten Material. Sie sind also geringfügig kleiner als am Talus. Statistisch konnte allerdings kein signifikanter Unterschied errechnet werden. Die Kreissektoren besitzen Mittelpunktswinkel von 79,2° (mazeriertes) und 86,8° (feuchtpräpariertes Material).

Am stärksten konvex gekrümmt sind die medialen, zungenartig zum Sustentaculum tali weisenden sowie lateral gelegenen Flächenabschnitte. Der Mittelabschnitt

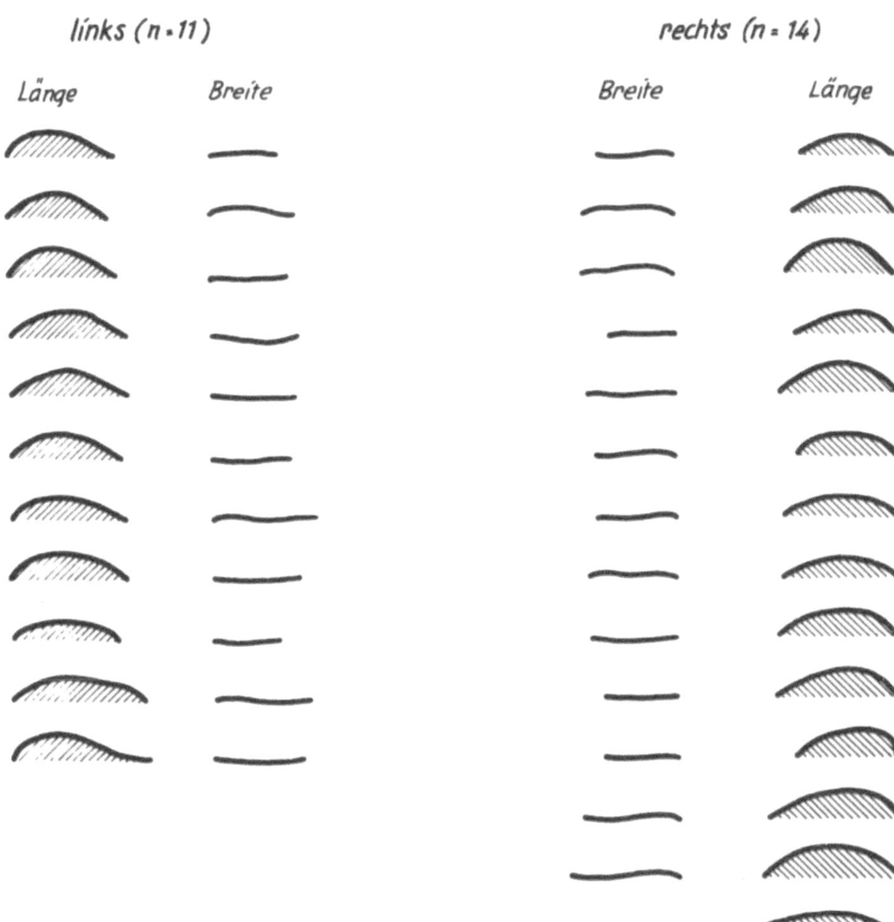

Abb. 41. Calcaneus. Facies articularis talaris posterior. Variationen der Krümmungsprofile. Nachzeichnungen von Schnittumrissen, die parallel zur größten Länge sowie zur größten Breite angefertigt wurden

parallel zur größten Länge ist etwas flacher. In der Zusammenstellung der Profilvariationen (Abb. 41) erkennt man weiterhin, daß an einigen Schnittlinien ebenfalls die Andeutung einer spiraligen Aufrollung zu erkennen ist. Die stärkere Krümmung mit dem kleineren Radius befindet sich genau wie am Talus medial.

Besonders erwähnenswert ist ein Sonderfall: Die Facies articularis talaris posterior ist in Längsrichtung konvex-konkav gekrümmt. Die Konkavität weist dabei nach lateral (Abb. 42). Parallel zur größten Breite beginnt sich in vielen Fällen die Tendenz einer schwachen Konkavität anzudeuten, die besonders auf der zungenartigen Flächenzone ausgeprägter ist. In unserem Untersuchungsgut waren jedoch auch plane oder leicht wellenförmige Profilmuster zu erkennen.

Die Schnittprofile der *Facies articularis calcanea media und anterior* an der Unterseite des Talus sind parallel zu ihren Längsachsen meistens schwach konvex gekrümmt, manchmal auch plan. Eine Bestimmung von Krümmungsradien ist jedoch nur vereinzelt gelungen, ohne allerdings eine für statistische Berechnungen notwendige Zahl von

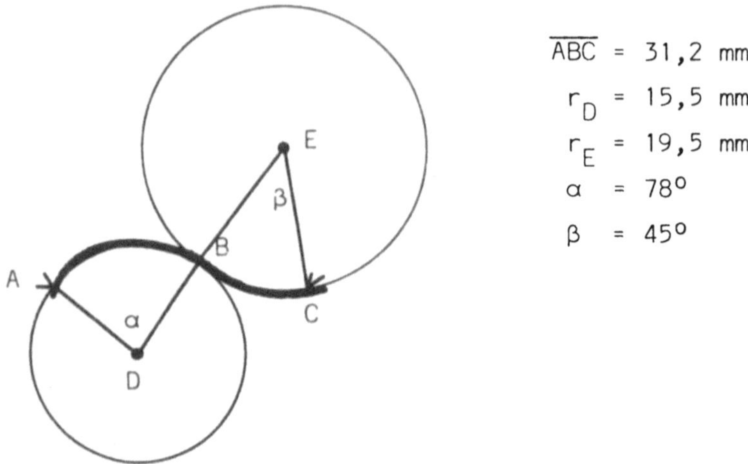

Abb. 42. Calcaneus. Facies articularis talaris posterior. Variation eines Krümmungsprofils parallel zur größten Länge. Die Krümmungskontur stellt in diesem Ausnahmefall eine konvex-konkav verlaufende Linie dar. Der Grad der Krümmung wird durch das wechselseitige Anlegen von zwei Kreisen demonstriert

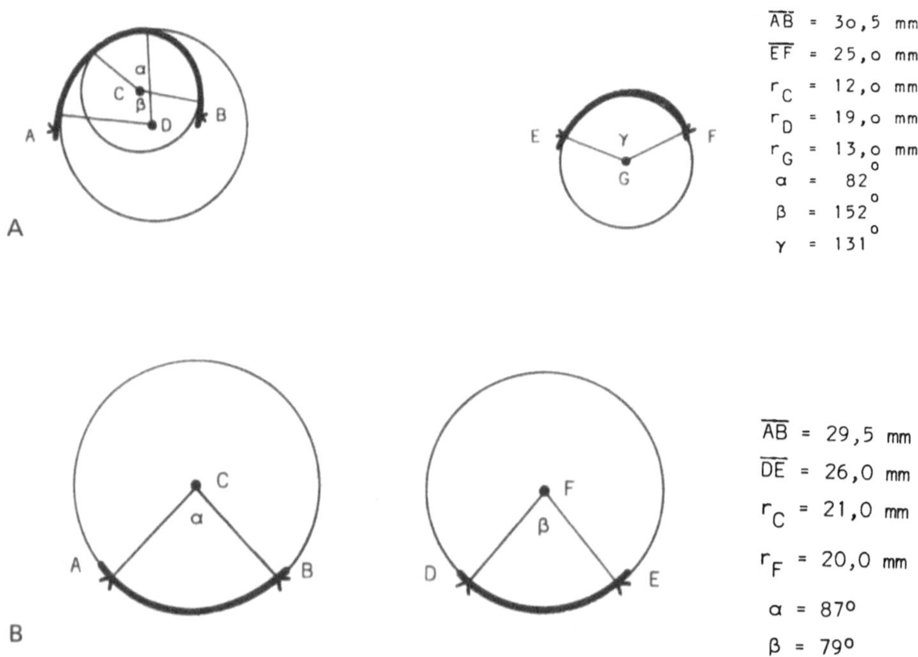

Abb. 43. A. Talus. Facies articularis navicularis. Krümmungsprofile. AB = parallel zur größten Länge; EF = parallel zur größten Breite, B. Os naviculare. Facies articularis posterior. Krümmungsprofile. AB = parallel zur größten Länge; DE = parallel zur größten Breite

Stichproben zu erhalten. In den meisten Fällen erschwerten die sehr schmalen Gelenkumrisse ein genaues Anlegen der Kreisschablonen.

Dasselbe gilt für die konkav gekrümmte *Facies articularis talaris media und anterior* auf der Oberseite des Calcaneus. Die Krümmungsradien der mittleren Gelenkflächen schwanken, soweit feststellbar, zwischen 20 und 30 mm. Exakte Mittelwertberechnungen konnten jedoch ebenfalls nicht durchgeführt werden.

Parallel zur größten Breite sind alle vier Gelenkflächen ohne besonders auffällige Krümmung.

Die Gelenkfläche an der Stirnseite des Taluskopfes, *Facies articularis navicularis,* ist von allen Seiten betrachtet deutlich konvex gekrümmt (Abb. 43A). Parallel zur größten Längenausdehnung umfaßt der Krümmungsradius einen mittleren Wert von

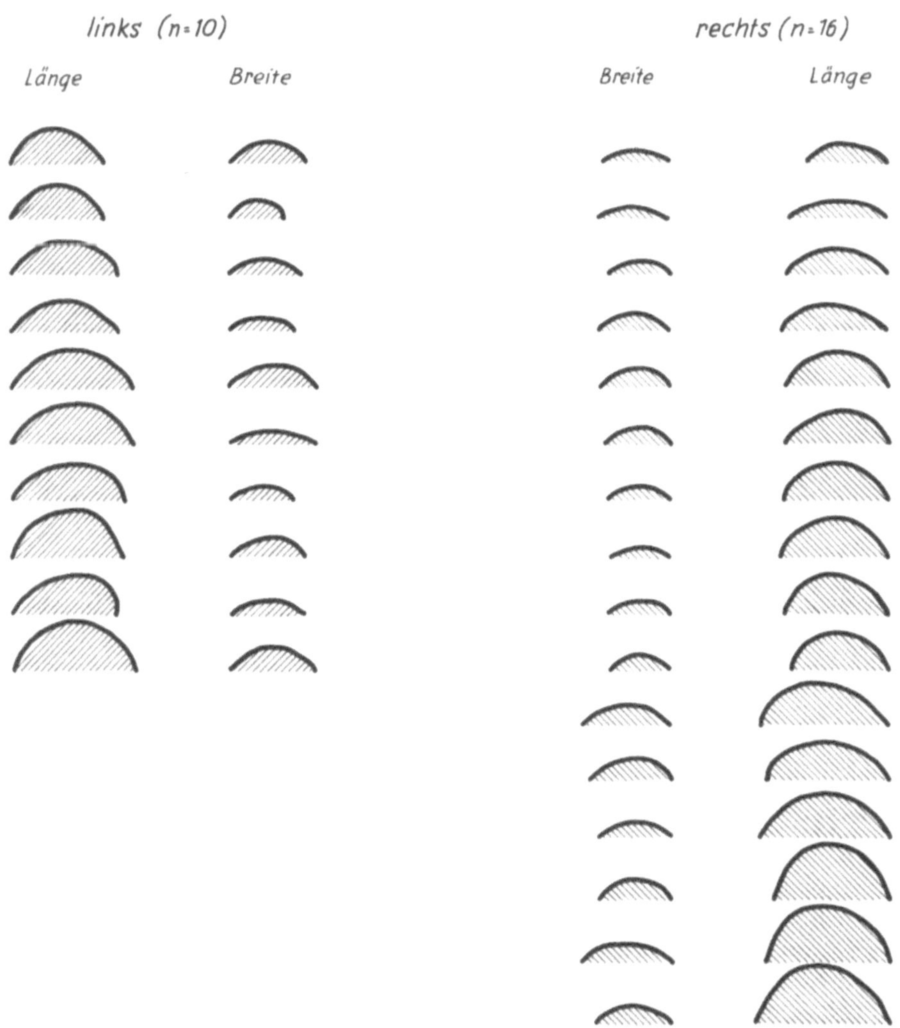

Abb. 44. Talus. Facies articularis navicularis. Variationen der Krümmungsprofile. Nachzeichnungen von Schnittumrissen, die parallel zur größten Länge sowie zur größten Breite angefertigt wurden

16,4 mm für mazerierte und 17,7 mm für feuchtpräparierte Tali. Die entsprechenden Zentriwinkel für die Kreissektoren betragen 118,2° bzw. 125,1°. Parallel zur größten Breite sind die Krümmungsradien kleiner als in der Längsrichtung. Im Mittel betragen sie 14,2 mm an mazerierten Talusköpfen und 17,0 mm an feuchtpräparierten. Die zugehörigen Mittelpunktswinkel sind mit 88,8° und 91,7° ebenfalls kleiner.

Das Variationsbild der Profilschnitte (Abb. 44) stellt erneut heraus, daß die Taluskopfgelenkfläche nicht zu den stereometrisch ideal geformten Gelenkkörpern zu zählen ist. Die Krümmungsradien lassen sowohl unterschiedliche Grade der Konvexität erkennen als auch Andeutungen von Spiralformen, besonders in der Längsrichtung. Die durch die Torsion des Taluskopfes erzwungene Schrägstellung der Gelenkfläche läßt wiederum ein Rotationselement entstehen, dessen exakte Formbeschreibung nur durch Methoden der höheren Mathematik möglich erscheint.

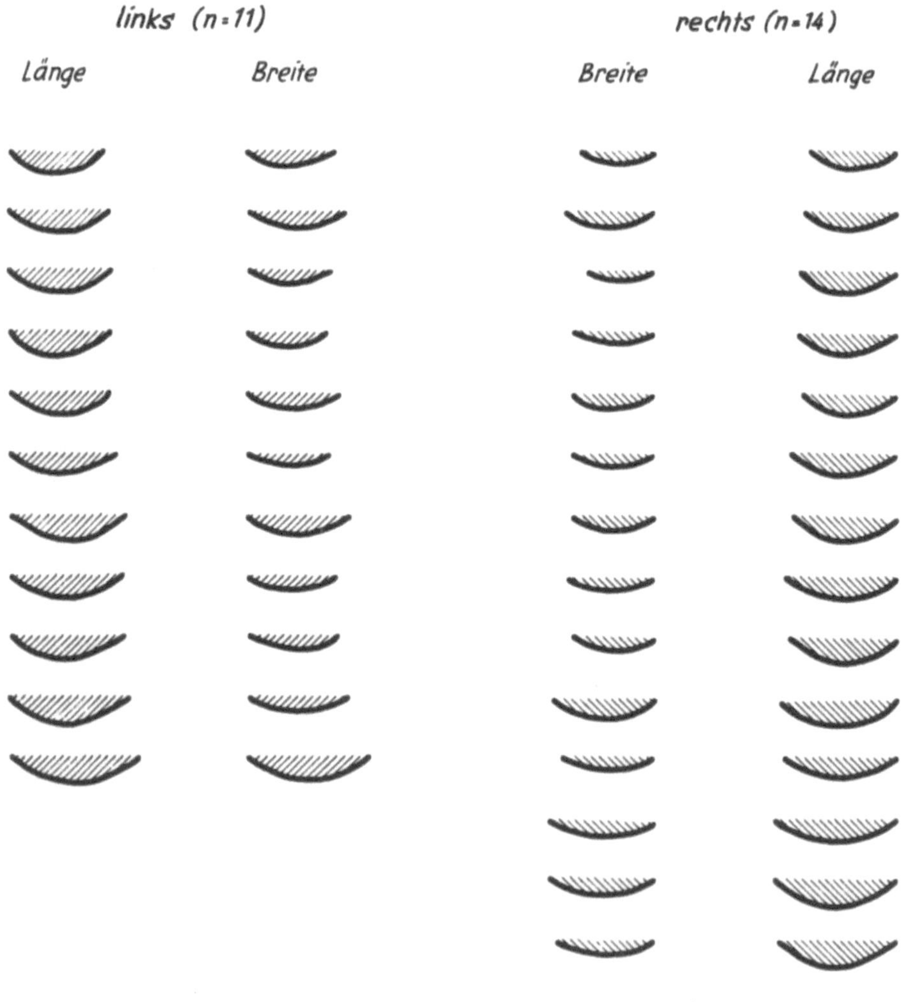

Abb. 45. Os naviculare. Facies articularis posterior. Variationen der Krümmungsprofile. Nachzeichnungen von Schnittumrissen, die parallel zur größten Länge sowie zur größten Breite angefertigt wurden

Am regelmäßigsten von allen größeren Sprunggelenkflächen ist die *Facies articularis posterior ossis navicularis* gestaltet. In allen Richtungen des Raumes konkav gekrümmt, zeigen sich weder an Schnittumrissen parallel zur Länge noch zur Breite auffällige Andeutungen von Zu- oder Abnahmen der Krümmungsabläufe (Abb. 43B).

Dem Krümmungsradius von 18,9 mm an mazerierten Kahnbeinen steht ein Wert von 19,5 mm an feuchtpräparierten parallel zur Längsachse gegenüber. Die zugehörigen Mittelpunktswinkel betragen 85,5° bzw. 89,4°. Während die Krümmungsradien an der unteren Kahnbeingelenkfläche deutlich größer sind als entsprechende am Taluskopf, sind die Zentriwinkel umgekehrt am Caput tali größer als am Os naviculare.

Ähnlich verhält es sich bei den Berechnungen, die an Abdrücken parallel zur größten Breite durchgeführt wurden. Die Krümmungsradien am Kahnbein sind mit 18,4 mm (mazeriertes) und 19,3 mm (feuchtpräpariertes Material) größer. Die Zentriwinkel stellen sich mit 73,4° (mazeriertes) und 72,2° (feuchtpräpariertes Material) kleiner dar als an der korrespondierenden Gelenkfläche am Taluskopf.

Die geringen Unterschiede im Krümmungsprofil parallel zur größten Breite oder größten Länge verdeutlicht die Abdruckserie in Abb. 45. Variationen sind wesentlich unauffälliger als an der korrespondierenden Gelenkfläche des Taluskopfes.

3.2.4 Diskussion

Das untere Sprunggelenk besteht aus den subtalaren Bewegungseinrichtungen, deren unterschiedlich große Gelenkflächen sich auf drei proximale Fußwurzelknochen ausdehnen. Während das obere Sprunggelenk aus einer einheitlichen Gelenkkammer besteht, finden wir am unteren Sprunggelenk zwei vollständig getrennte Gelenkabschnitte. Auf das sehr seltene Vorkommen einer zusammenhängenden vorderen und hinteren Abteilung des unteren Sprunggelenkes („Articulus talotarsalis communis") hatten allerdings v. Hochstetter (1953) und Bunning u. Barnett (1965) aufmerksam gemacht. An Talus und Calcaneus war nur je eine große, zusammenhängende Gelenkfläche vorhanden, bei gleichzeitigem Fehlen des Canalis tarsi.

Durch das unterschiedliche Krümmungsverhalten korrespondierender talotarsaler Gelenkkörper, bei denen Wölbungen und Schalen gegeneinander vertauscht sind (Lanz und Wachsmuth 1972), bildet das untere Sprunggelenk jedoch bei Bewegungen um eine gemeinsame Achse zwangsläufig eine funktionelle Einheit.

Ebenso wie bei der Articulatio talocruralis sind auch die Gelenkabschnitte, Knorpelflächen und Kapselbandstrukturen der Articulatio talocalcaneonavicularis in zahlreichen anatomischen Lehr- und Handbüchern sowie mehreren Einzeldarstellungen zum Teil ausführlich beschrieben worden.

Der Interessierte vermißt jedoch einerseits umfassende Zahlenangaben über Flächengrößen und Raumorientierungen von Gelenkstrukturen sowie andererseits rechnerisch exakte Bestimmungen der einzelnen Krümmungsmerkmale.

Aus diesem Grund wurden im Rahmen der vorliegenden Untersuchungen auch am unteren Sprunggelenk osteometrische Bestimmungen von den wichtigsten Merkmalen der Gelenkgestaltung und deren Profilbildung durchgeführt. Neben der prüfstatistischen Sicherung von Kenngrößen ermöglichten die Meßergebnisse zahlreiche Aussagen über das Vorliegen von interessanten Variationen.

Die Problematik des Vergleichs anthropologischer Untersuchungsergebnisse an Unterschenkel- und proximalen Tarsalknochen mit unseren Meßwerten wurde schon in der Diskussion über das obere Sprunggelenk ausgiebig erörtert.

Das Interesse der an der menschlichen Abstammungslehre arbeitenden Untersucher beschränkte sich im wesentlichen auf die Bestimmung von Knochengrößen und Formverschiedenheiten, um Wachstumsvorgänge, Rassenunterschiede oder Geschlechtszugehörigkeit zu erfassen (Lucae 1864/65, Henke u. Reyher 1874, Lazarus 1896, Laidlaw 1904, Volkov 1903/1904, Adachi 1905, Manners-Smith 1907, Reicher 1913, Weidenreich 1921, Morton 1924, Harnisch 1925, Martin u. Saller 1959).

Messungen an den unteren Sprunggelenkflächen wurden dagegen nur von sehr wenigen Autoren durchgeführt, deren Ergebnisse im Rahmen dieser Diskussion nachfolgend besprochen werden. Talus und Calcaneus des Menschen sind nach Martin u. Saller (1959) durch eine starke Breitenentwicklung gekennzeichnet, die auf die Stützfunktion des menschlichen Fußes zurückzuführen ist. Dadurch werden auch die Gelenkflächengrößen beeinflußt. Aus den Gegenüberstellungen von Zahlenwerten an vermessenen Calcanei Anthropomorpher und Hominiden durch Reicher (1913) geht diese Tatsache deutlich hervor.

Die hintere Abteilung des unteren Sprunggelenkes (Articulatio subtalaris) besteht aus zugeordneten Gelenkflächen am Talus und Calcaneus.

Die hintere untere Gelenkfläche des Talus, die früher als „Cavitas glenoidalis tali" bezeichnet wurde, zeigt nach Lazarus (1896) zahlreiche individuelle Schwankungen in bezug auf Ausdehnung, Krümmungsstärke usw. Sie sind als Produkt der verschiedenen Gangarten bei den einzelnen Individuen aufzufassen.

An Meßwerten gab Lazarus (1896) für die Längsausdehnung (= 35 mm) und für die Querausdehnung (= 25 mm) größere Mittel an, als wir am Würzburger Skelettmaterial bestimmen konnten (s. Abb. 31). Absolut korrekt sind jedoch seine Bemerkungen über die Konkavität der Knorpelfläche, deren Krümmung sich von vorn und innen nach hinten und außen abflache.

Am medialen Teil der Unterfläche des Collum tali legte Lazarus die „Facies tali pro Sustentaculo" fest, die der Facies articularis calcanea media (PNA 1977) entspricht. Deren Längen- (= 22 mm) und Breitenwerte (= 13 mm) stimmen mit den von uns an mazerierten Tali erhobenen arithmetischen Mitteln sehr gut überein.

Eine anschließende Gliederung der Talusfacetten wird vom Auftreten korrespondierender Flächen am Calcaneus bzw. Ligamentum calcaneonaviculare plantare abhängig gemacht.

Die dem Os naviculare gegenüberstehende Gelenkfläche am Taluskopf hat nach Lazarus (1896) die Lage eines halbstehenden Ovals. Henke (1863) hatte ihr ursprünglich Pomeranzen- oder Walzenform zugeschrieben, während Meyer (1873) sie als Teil einer „wendeltreppenartigen" Fläche auffaßte, zu der die sogenannte untere Astragalusachse die Spindelachse darstellt. Henle (1871) hielt das Talonaviculargelenk für ein Kugelgelenk, dessen Radius (= 28 mm) mit dem einer Zylinderfläche der subtalaren Abteilung des unteren Sprunggelenkes identisch ist.

Lazarus (1896) lehnte dagegen den Vergleich mit einer Kugelfläche ab und beschrieb die Facies articularis navicularis tali als unregelmäßige Rotationsfläche. Das Vorkommen zweier Hauptkrümmungen der Talusgelenkfläche findet nach Auswertung und Vergleich unserer Profilbilder eine weitgehende Bestätigung. Allerdings ist die Konvexität parallel zur größten Länge wesentlich stärker als parallel zur größten Breite (s. Abb. 43). Hier müssen wir Lazarus (1896) eindeutig widersprechen, da er den Grad der konvexen Krümmung völlig falsch interpretiert hat.

Die auf dem Fersenbein liegende schräg nach vorn geneigte Facies articularis talaris posterior calcanei hielten Langer (1856), Henke (1863), Luschka (1865) und Clark

(1877) für Abschnitte eines flachen Kegels, dessen Spitze etwa in das mediale Ende des Sinus tarsi fällt. Meyer (1873) beschrieb sogar zwei verschiedene Abteilungen. Eine innere obere entspricht einem einachsigen Rotationskörper, dessen Achse horizontal nach innen und vorn gerichtet ist. Eine zweite, untere äußere Abteilung gehört dagegen einem sehr stumpfwinkligen Kegel an, dessen Spitze im inneren vorderen Rand der hinteren Calcaneusgelenkfläche liegt.

Die unterschiedlichen Ansichten der älteren Autoren liegen nach Lazarus (1896) in der Tatsache begründet, daß die subtalare Gelenkfläche des Fersenbeines eine große Variabilität aufweise. Deshalb lasse sie sich auch nicht in eine einzige, streng gesetzmäßige Form ordnen.

Nach Auswertung unserer Profilbilder (s. Abb. 41) können wir Lazarus' Befund allerdings bestätigen, daß nämlich die Facies articularis talaris posterior in zwei zueinander senkrecht stehenden Richtungen gegensätzlich gekrümmt ist: parallel zur Längsachse konvex und parallel zur Breitenausdehnung leicht konkav. In einem Fall (s. Abb. 42) gelang es uns sogar, eine in Längsrichtung konvex-konkave Krümmung nachzuweisen. Die Gesetzmäßigkeiten von Kegel- und Zylinderflächen lassen sich damit nicht aufrechterhalten. Vielmehr zeigt sich an dem von uns untersuchten medialen Flächenbereich eine leichte sattelförmige Oberflächenkrümmung.

Die dem Talus zugehörige Artikulationsfläche des subtalaren Gelenkes ist nach Fick (1904) annähernd kreisförmig. Die Fläche entspricht daher dem Teilstück eines Hohlzylinders. Eine Festlegung auf einen streng stereometrisch konstruierten Raumkörper findet allerdings in der Bemerkung, daß es beträchtliche Abweichungen von der zylindrischen Krümmung gebe, eine erhebliche Einschränkung. Das Auftreten „sattelförmiger" Gestaltungen, die unsere Beobachtungen stützen, wird eingehender beschrieben. Mit demselben Bogenwert versehen, erweist sich die korrespondierende Calcaneusgelenkfläche als konvex-zylindrisch gekrümmt. Der Krümmungsradius liegt zwischen 20–30 mm und die Ablenkung der Krümmungsachse soll etwa 30° betragen. Dieser Wert liegt allerdings fast 10° niedriger als bei den von uns untersuchten Fersenbeinen.

Die vordere Talusgelenkfläche wurde von Fick (1904) in Anlehnung an ältere Arbeiten mit einem Kugelausschnitt verglichen, der einen Krümmungshalbmesser von 25–30 mm aufweist. Dieser Wert ist jedoch, verglichen mit unseren Berechnungen (im Mittel bei mazerierten 16,4 mm, bei feuchten Präparaten 17,7 mm), viel zu hoch. Die Kahnbeinpfanne ist dagegen regelmäßig konkav gekrümmt.

Phylogenetische Veränderungen der Lage der hinteren unteren Talusgelenkfläche spiegeln sich nach Ansicht Reichers (1913) an der korrespondierenden Calcaneusgelenkfläche wider. Ohne auf die Formgestaltung näher einzugehen, deutete er die höhere und stärkere Krümmung als ein Primitivmerkmal niedrig stehender Menschenrassen, wodurch allerdings dem subtalaren Gelenkabschnitt eine größere Beweglichkeit zukommen soll. Unter den Meßergebnissen fanden wir wiederum Bestätigungen unserer Untersuchungen. Reicher ermittelte für die hinteren Gelenkflächen an Fersenbeinen von Alemannen mittlere Längen von 31,2 mm und mittlere Breiten von 23,0 mm. Abweichungen gegenüber dem von uns ausgewerteten Würzburger Untersuchungsgut liegen innerhalb sehr geringer Schwankungen.

Harnisch (1925) konnte ebenfalls feststellen, daß die Längskurve der Facies articularis talaris posterior keinen regelmäßigen Kreisbogen beschreibt. Rückschlüsse auf die Ausbildung eines Primitivmerkmals gemäß der Auffassung von Reicher (1913) lassen sich jedoch aus dem unterschiedlichen Krümmungsverhalten nicht ableiten, sondern sind lediglich Folgen einer überaus starken Variabilität.

Die Vielgestaltigkeit der Gelenkflächen des Calcaneus hat nach Sachers (1949) keinerlei Beziehungen zu den hohen und flachen Fußtypen aufzuweisen. Erwähnenswert ist seine Feststellung, daß mittlere und vordere Gelenkflächen für den Talus in 50% der Fälle miteinander verschmolzen sind; in 40% treten getrennte Knorpelareale auf; die restlichen 10% werden nicht angeführt, müssen aber mit dem Fehlen der kleinen vorderen Facette in Zusammenhang gebracht werden. Da die Stichprobe unseres Untersuchungsgutes wesentlich kleiner war, konnten wir eine deutlich ausgeprägte Facies articularis talaris anterior calcanei nur in 68% der Fälle vermessen.

In enger Anlehnung an Fick (1904) haben Braus u. Elze (1954) die Formen der unteren Sprunggelenkkörper als zylindrisch (hinten) und annähernd kugelig (vorne) aufgefaßt. Obwohl inzwischen erwiesen ist, daß die Umrisse der Gelenkkörper stereometrisch nicht exakt wiedergegeben werden können, müssen wir uns später nochmals gewissenhaft mit den funktionellen Vorstellungen von Braus u. Elze (1954) auseinandersetzen.

In der Abhandlung von Lapidus (1955) tauchen hingegen wieder Kegel als Äquivalente der Gelenkprofile hinterer und mittlerer Abschnitte des unteren Sprunggelenkes auf. Dem Talonaviculargelenk wird eindeutig Kugelform zugeschrieben. Die Achsen beider Kegel und der „Kugel" des Taluskopfes liegen in einer Ebene, die gleichzeitig die Bewegungsachse des unteren Sprunggelenkes darstellt.

Die Beweglichkeit des Fußes gegen den Talus vermitteln zwei räumlich getrennte Gelenke, die auch durch ihre gemeinsame Funktion verbunden sind. Da keines derselben zu einer isolierten Bewegung befähigt ist, haben sie beide eine gemeinsame Drehungsachse und müssen deshalb zusammenarbeiten. Hiermit wurde von Hueter (1871) die Ansicht der Gebrüder Weber (1836) widerlegt, daß die beiden vorderen und hinteren Flächenpaare, mit welchen sich das Sprungbein und der übrige Fuß berühren, nicht zugleich gegeneinander verschieben können.

Die Ausschläge des Fußes im Talotarsalgelenk sind ursprünglich als Ab- und Adduktion beschrieben worden (Gebrüder Weber 1836, Henke 1863, Luschka 1865). Hueter (1871) schlug für diese Bewegungen in Analogie zu denen der Hand die Bezeichnungen Pro- und Supination des Fußes vor. Da neben der „Existenz einer frontalen und perpendiculären Componente der Drehungsachse" die anatomische Tatsache feststeht, daß der Fuß mit seiner Längsachse von der des Unterschenkels annähernd rechtwinklig abknickt, wurde eine einfache Definition ziemlich mühsam.

Auf Strasser (1917) geht im wesentlichen die Vorstellung zurück, daß Bewegungen zwischen Unterschenkel und Fuß nicht isoliert in beiden Sprunggelenken stattfinden können. Fick hatte das 1931 bekräftigt. Vielmehr wird dem Talus die Rolle eines knöchernen Meniskus zugeschrieben, der als Vermittler von Bewegungen innerhalb eines „gemeinsamen, mehrkammerigen Sprunggelenkes" gilt. Strasser (1917) definierte sie als „heterokinetische plurikapsuläre Gelenkkombination".

Die Drehachse zwischen Talus und Calcaneus läuft nach Strasser (1917) vom unteren Teil der Außenkante des Fersenendes durch den Canalis tarsi zur inneren oberen Peripherie des Taluskopfes (schräge Talocalcaneus-Achse). Dieser Achsenverlauf ist für den gesamten unteren Sprunggelenkkomplex mehrheitlich in die später erschienenen Lehrbücher und Atlanten der Anatomie übernommen worden. Um diese schräg verlaufende Achse finden Pro- und Supinationsbewegungen statt. Dabei umschrieb Strasser die Pronation als Einwärtsrotation des Fußes mit Abduktion und Hebung der Fußspitze. Die Supination ist demzufolge eine Kombination von Auswärtsrotation mit Streckung und Adduktion.

Gesondert wurde von Strasser (1917) schließlich die talonaviculare Bewegung dargestellt. Infolge der exzentrischen Gestaltung des Taluskopfes in bezug auf die Talocalcaneus-Achse schraubt sich dieser bei Pronation in die Pfanne am Os naviculare plantarwärts und nach innen ein. Umgekehrte Bewegungen finden bei der Supination statt. Daraus soll sich angeblich die doppelte Krümmung am Caput tali sowie am Os naviculare erklären.

Braus berichtete 1918 von Resultaten einer nach Dönitz (1903) ausgearbeiteten Methode räumlicher Darstellungen von Gelenkflächen. Demnach nähern sich die rekonstruierten Rotationskörper der Form eines „Champagnerkorkens". Das kugelige Ende dieses Körpers liege in der vorderen Kammer des unteren Sprunggelenkes und werde von vorn und hinten umfaßt. „Das zylindrische Gegenende ruht mit einer basalen Delle in der hinteren Kammer. Dreht sich der Fuß um die Längsachse dieses Idealkörpers im Sinn der Pro- und Supination, so kann in jeder Phase das Naviculare zum Kalkaneus so gestellt werden, daß der Taluskopf von vorn und hinten eine feste Führungsfläche hat, wie etwa eine Kugel zwischen den Backen einer Zange festgehalten wird".

Eine bildliche Darstellung dieses nach unseren Auffassungen nicht ganz korrekten Vergleiches ist später in das berühmte Lehrbuch der Anatomie von Braus übernommen worden.

Die funktionelle Einheit bei den Bewegungen des unteren Sprunggelenkes wurde von Lanz u. Wachsmuth (1938) deutlich unterstrichen. Die anatomische Trennung in zwei Kammern erfolgt durch das Ligamentum talocalcaneum interosseum und die Gelenkkapseln. Vordere und hintere Abteilung werden als zwei Zapfengelenke aufgefaßt, deren Zapfen und Schale jeweils vertauscht sind. Die Bewegungsachse schneidet die Längsachsen der proximalen Fußwurzelknochen winklig und entspricht in ihrem Verlauf der Angaben von Strasser (1917). Neben der Hauptachse werden noch Querkomponenten aufgeführt, deren Definitionen vor allem auf Fick (1911) zurückgehen. Die Hilfsachsen wurden aus dem in drei Raumebenen schrägstehenden Verlauf abgeleitet.

Eine frontale Komponente ergänzt danach den Umfang der Beuge- und Streckbewegungen im oberen Sprunggelenk, die sagittale dagegen in ähnlicher Weise die Bewegungsmöglichkeiten im queren Fußwurzelgelenk. Ohne Ergänzung ist nur die Vertikalkomponente am Fuß, die jedoch in der Knie- und Hüftbeweglichkeit Erweiterung findet. Den Schraubengelenkcharakter des subtalaren Gelenkes hatte Manter (1941) erneut zur Diskussion gestellt. Nach seinen Untersuchungen soll sich der Talus wie eine rechtsgängige Schraube in den rechten Fuß hineindrehen. Das Quergelenk des Tarsus erlaubt dagegen dem Vorderfuß, sich um eine longitudinale Achse wie eine entgegengesetzt drehende Schraube zu bewegen. Hall (1959) konnte diese Befunde nach Auswertung von Röntgenaufnahmen vollauf bestätigen, während MacConaill u. Basmajian (1969) die schraubige Verdrehung den Bewegungen im *oberen* Sprunggelenk zuschreiben. Dieser Beobachtung können wir nach unseren Bewegungsprüfungen in der Articulatio talocruralis (s. Abb. 25) zustimmen. Die schraubige Verdrehung führt dann allerdings zu einem engen Gelenkschluß zwischen Talus und dem „Acetabulum pedis" (MacConaill 1945) während der Plantarflexion. Daraus resultiert andererseits im Zusammenhang mit pronatorischen Bewegungen eine Abduktion (Eversion) des Vorderfußes, die nach Lanz u. Wachsmuth (1938) noch durch eine Dorsalflexion im oberen Sprunggelenk ergänzt wird.

Unter Berufung auf Manter (1941) geben Close u. Inman (1953) eine exakt berechnete Position der Achse des subtalaren Gelenkes an. Diese weicht im Winkel von

42° von der Horizontalen und um 16° von der Längsachse des Fußes ab. Sie wird als Kompromißachse aufgefaßt und hängt in ihrem Verlauf vom Aufbau der Längswölbung des Fußes ab. Die Winkelwerte konnten von Root et al. (1966) bestätigt werden. Die Bewegungsachse ähnelt einer Aufhängung von zwei Türscharnieren, wobei die Richtung zwangsläufig schrägorientiert ist (Shepard 1951, Lapidus 1955).

Zum Problem der Freiheitsgrade im unteren Sprunggelenk nahmen Braus u. Elze (1954) in ihrem Lehrbuch ausführlicher Stellung. Sie hatten, wie oben schon berichtet wurde, die Gelenkkörper mit einem „Champagnerkorken" verglichen. Von der Funktion her entsteht dadurch ein Zapfen- und ein Kugelgelenk, deren gemeinsame Achse eine Hintereinanderschaltung erzwingt. Die größere Freiheit des Kugelgelenkes wird jedoch durch die geringere des Zapfengelenkes eingeschränkt, so daß die universelle Beweglichkeit des Kugelkomplexes weitgehend verloren geht. Beim menschlichen Fuß sind die Gelenkflächen nur zum Teil Führungsflächen (kinematische Flächen). Da sie jedoch nicht rückgebildet erscheinen, erfüllen sie die Aufgabe von Stützflächen (statische Flächen), welche die Last des Körpergewichts aufnehmen und verteilen.

Nach Huson (1961) stellt der Tarsus eine geschlossene Kette von beweglichen Knochen dar. Wird ein Knochen in einem der drei Fußwurzelgelenke bewegt, zieht das automatisch die Lageveränderung eines der Nachbarknochen nach sich. Anders ausgedrückt bemerkte Huson, daß Bewegungen in einem Gelenk bei gleichzeitiger Fixation des zweiten Gelenkes, eine Lageveränderung im dritten Gelenk bewirken. Die Verkettung der tarsalen Bewegungen ist unmittelbar an die Anheftung von Bändern gekoppelt. Eine wichtige Rolle spielen dabei verschiedene Bandsysteme im Sinus und Canalis tarsi, die von uns gesondert untersucht und studiert wurden (Schmidt 1978).

Sehr ausführlich geht Huson (1961) auch auf die Bewegungen im subtalaren Gelenk ein. Besonders hervorgehoben wird eine Lageveränderung des Talus, die Huson wie folgt beschreibt: Der Sprungbeinkopf schwenkt bei der Supination in seitliche und rückwärtige Richtung. Der Processus lateralis gleitet synchron über die hintere Gelenkfläche des Calcaneus aufwärts, während die medialen Abschnitte des Talus über die vordere Fersenbeinfacette nach vorwärts und unten drehen. Die Schwenkung ist also mit einer Neigung verbunden, wobei der Sinus tarsi lateral geöffnet, der Canalis tarsi dagegen medial verengt wird. Diese Schwenkung schließt außerdem die Adduktions-, die gleichzeitige Neigung, die Inversions- und Flexionskomponente mit ein.

Da die Articulatio talonavicularis die komplexen Bewegungen in den anderen beiden Gelenken kombinieren muß, kann eine kongruente Bewegung trotz der Krümmung in zwei Hauptrichtungen nicht erwartet werden.

Später hat Huson (1974) auf die untrennbare funktionelle Einheit von Gelenkoberfläche und Bandstruktur erneut hingewiesen und betont, daß die Möglichkeit unterschiedlicher Bewegungen vom mechanischen Einfluß der beteiligten Bänder abhängig ist (van Langelaan et al. 1974).

Van Langelaan (1978) hat die Überlegungen Husons röntgenologisch und rechnerisch nachgeprüft. Er stellte überraschenderweise fest, daß Bewegungen in den tarsalen Gelenken um Achsen stattfinden, die ihre Richtung während des Bewegungsablaufes ständig geringfügig ändern. Im Mittel beträgt die Veränderung allerdings nicht mehr als 0,1° und 0,07 mm für jede analysierte Bewegungsschrittfolge. An der Hauptorientierung der Achse des unteren Sprunggelenkes ändere sich deswegen nichts wesentliches, so daß der schräge Verlauf durchaus mit den Beschreibungen früherer Autoren in Übereinstimmung gebracht werden könne.

In der Monographie von Inman (1976) über die Sprunggelenke des Menschen wurde letztlich der Frage Rechnung getragen, ob die Rotation des Talus gegen den Calcaneus entlang der schrägen Achse schraubenähnlich verlaufe. Die Antwort zeigt, daß bei einer Hälfte von untersuchten Personen eine lineare Verschiebung durch schraubenförmigen Ablauf der Bewegungen angenommen werden kann. Die andere Hälfte zeigt diesen Bewegungsablauf nicht. Inman hob allerdings besonders die große Variabilität innerhalb seiner untersuchten Populationen hervor.

Die Gelenkflächen des unteren Sprunggelenkes besitzen nach unseren Auswertungen der Profilbilder keine regelmäßige Umrißform, mit Ausnahme der *Facies articularis posterior ossis navicularis.* Sie sind außerdem in unterschiedlich großen Flächenabschnitten keineswegs immer kongruent. Die Flächenführung während der Translation der Skelettelemente wird durch eine kinematische Kette der Fußwurzelknochen sowie durch einen kompliziert gestalteten und raumorientierten Bandapparat gesichert (Huson 1961, Schmidt 1978).

Daraus ergeben sich im unteren Sprunggelenk komplexe Bewegungsvorgänge, die mit denen im oberen Sprunggelenk zwangsläufig gekoppelt ablaufen müssen. Während die Articulatio talocruralis bei der Plantarflexion neben der Fußsenkung eine supinatorische Rotationskomponente erkennen läßt, schließen sich im unteren Sprunggelenk fließend Inversions- und Adduktionskomponenten an. Bei der Dorsalflexion kommt es im unteren Sprunggelenk zu Eversion und Abduktion der subtalaren Fußabschnitte sowie nachfolgend im talocruralen Gelenk zu einer pronatorischen Rotation und Anhebung des Fußes.

Wir kommen daher zu der Schlußfolgerung, daß eine gedankliche Trennung der Funktionsabläufe im oberen und unteren Sprunggelenk den tatsächlichen Bewegungsvorgängen nicht gerecht wird. Veränderungen der Gliedmaßenstellungen im oberen Sprunggelenk führen über die Vermittlung des Talus zwangsläufig zu fortlaufenden Raumveränderungen subtalarer Fußknochen. Die gegenseitige Beeinflussung aneinander gleitender Sprunggelenkkörper in ihrer räumlichen Orientierung wird letztlich durch die Flächenführung und straffe Verkoppelung mit Hilfe cruro-tarsaler Bandsysteme gewährleistet.

4 Zusammenfassung

Die Sprunggelenke des Menschen sind auffallend gestaltete Bewegungseinrichtungen am Übergang zwischen Unterschenkel und Fuß. Sie unterstützen die aufrechte Körperhaltung und dienen der ungehinderten Fortbewegung des Menschen. Während der Evolution sind besonders an den Artikulationsflächen beider Sprunggelenke Form- und Funktionswandlungen deutlicher in Erscheinung getreten. Diese wurden schon seit langem in anatomischen und anthropologischen Arbeiten sorgfältig verglichen und ausführlich beschrieben. Quantitative Angaben sind jedoch bisher nur in sehr geringem Maße veröffentlicht worden. Daher haben wir auf der Grundlage von 105 verschiedenen Messungen an rechten und linken mazerierten Einzelknochen und montierten Fußskeletten sowie feuchtpräparierten Füßen Erwachsener beider Geschlechter alle am Aufbau des oberen und unteren Sprunggelenkes beteiligten Knochen osteometrisch untersucht. Erstmalig wurden auch alle Gelenkflächenmale in umfassenden Meßreihen erfaßt, sowie variations- und prüfstatistisch ausgewertet. Krümmungsprofile der Gelenkkörper konnten mit Hilfe einer neuen Abformmethode auf der Basis von elastomerem Silikonkautschukmaterial systematisch bestimmt und das Vorliegen von Variationen überprüft werden.

Die Articulatio talocruralis besitzt sechs Gelenkflächen. Sie befinden sich an der distalen Tibiaepiphyse und den Innenseiten der tibialen und fibularen Malleolen, um das Rollendach und die Knöchelwangen zu gestalten. An der Trochlea tali liegen korrespondierende Artikulationsflächen, die als Rollenmantel und Rollenwangen bezeichnet werden. Die supratalare Gelenkhöhle setzt sich in einen unterschiedlich weiten Spaltraum zwischen distalen Tibia- und Fibulaabschnitten hinein fort (Recessus tibiofibularis). Aus diesem ragt eine Plica synovialis tibiofibularis in die proximale Kammernische der Articulatio talocruralis. Aus funktionellen Gründen wird die Syndesmosis (Articulatio) tibiofibularis zu den diskontinuierlichen Knochenverbindungen zwischen Unterschenkel und Fuß hinzugerechnet. Dieser Hafte entsprechen straffe tibiofibulare Bänder sowie die Membrana interossea cruris als Verklammerung der distalen Skelettelemente von Tibia und Fibula.

Die Knorpelareale des oberen Sprunggelenkes sind in ihren Flächengrößen und -umrissen nicht deckungsgleich. Die Tragfläche der Talusrolle ist parallel zu ihrer Längsausdehnung etwa 30% größer als die korrespondierende Stützfläche an der Tibia. Dagegen bestehen in der Breite nur geringfügige Unterschiede. Rechts-Links-Unterschiede sind sowohl für die Länge als auch für die Breite des Rollendaches im mazerierten und feuchtpräparierten Untersuchungsgut nicht gesetzmäßig verteilt. Dagegen bestehen zwischen den größten Längen und Breiten der distalen Tibiaepiphyse sowie den Gelenkflächengrößen des Rollendaches in gleicher Richtung statistisch gesicherte, lineare Zusammenhänge. Tibiale und fibulare Knöchelgelenkflächen besitzen ebenfalls keine deckungsgleichen Flächenumrisse. Außerdem ist die Facies articularis malleoli tibiae bei regelhafter Ausbildung breitenbetont, während die distale fibulare Gelenkfläche höhenbetont erscheint. Damit ergeben sich jedoch auffällige Übereinstimmungen in den Flächenformen im Vergleich mit den Rollenwangen am Talus.

Die Facies superior der Trochlea tali des Menschen stellt in der Aufsicht keine axialsymmetrische Umrißfigur dar. Sie ist medial der Trochleaachse deutlich flächenkleiner als lateral. Am Übergang zum Collum tali ist sie breiter als an der Knorpelknochengrenze im Bereich des Processus posterior tali. Die Tragfläche der Sprungbeinrolle läßt außerdem eine nach medial geöffnete bogenförmige Führungsrinne erkennen, in welcher ein korrespondierender First der distalen Tibiagelenkfläche gleitet.

Länge und mittlere Breite der Trochlea tali sind linear abhängig von der Talusänge und Talusbreite. Die größte Länge der Facies superior entspricht etwa 63% der mittleren Taluslänge. Die größte Breite im Mittelabschnitt der Facies superior entspricht sogar etwa 69% der größten Talusbreite.

Bei mazerierten Tali konnten keine signifikanten Rechts-Links-Unterschiede für Längen und Breiten der Facies superior errechnet werden. Dagegen ist beim Feuchtmaterial rechts die Trochlealänge signifikant vergrößert, ebenso wie die hintere Rollenbreite. Vordere und mittlere Rollenbreiten weisen dagegen bei den feuchtpräparierten Tali keinen gesicherten Seitenunterschied auf.

Die Facies malleolaris lateralis tali stellt ein auf die Spitze gestelltes Dreieck mit abgerundeten Ecken dar und ist nach innen konkav gekrümmt. Sie ist höhenbetont. In ihrem Umriß gleicht die Facies malleolaris medialis einem liegenden Komma, wobei der „Kommabauch" nach vorn zum Collum tali weist. Sie ist breitenbetont.

Zwischen Facies superior und Facies malleolaris lateralis tali liegt eine kleine, schräg geneigte und dreieckig begrenzte akzessorische Gelenkfläche, Facies articularis intermedia posterior. Sie kommt an allen feuchtpräparierten Tali vor und kann außerdem an 87% der mazerierten Tali nachgewiesen werden. Sie entsteht durch den Schleifdruck des Ligamentum tibiofibulare posterius. In etwa 30% der feuchtpräparierten Sprungbeine läßt sich auch am vorderen seitlichen Abschnitt der Trochlea tali eine dreieckige Facies articularis intermedia anterior erkennen. Sie entsteht durch das aufliegende Ligamentum tibiofibulare anterius.

Niveauunterschiede der Trochlea tali lassen sich in drei Gruppen untergliedern: In 77% steht der mediale Rand der Facies superior höher als der laterale. In 17% erhebt sich die seitliche Rollenkante über das Niveau der medialen und in 6% stehen beide Rollenkanten gleich hoch.

Im Krümmungsverhalten sind an den Artikulationsflächen des oberen Sprunggelenkes oberflächlich betrachtet nur geringe Unterschiede festzustellen, wenn man davon absieht, daß die Tragfläche der Tibia in sagittaler Richtung konkav, die des Talus dagegen konvex gekrümmt erscheint.

Das Profil des Rollendaches zeigt an den sagittal geführten Schnittserien Umrisse, die Ausschnitten von einfachen Kreisbögen entsprechen. Die Facies superior der Trochlea tali ist in sagittaler Richtung, vor allem nahe der Rollenkanten, spiralförmig gekrümmt.

An den frontalen Schnittserien von Abdrücken der oberen Sprunggelenkkörper erkennt man tibial die Ausprägung der konvexen Führungsleiste. Ihr entspricht an der Facies superior der Trochlea tali die bogenförmig konkav verlaufende Rinne. Korrespondierende Knöchelgelenkflächen sind lateral annähernd im rechten Winkel gegen die Tragflächen von Tibia und Talus abgeknickt. Die Abknickung der medialen Knöchelgelenkflächen erfolgt dagegen stumpfwinklig. Vorn und hinten ist die Abknickung flach, während sie in der Mitte steiler wird. Am Talus entspricht diese Winkeländerung einer Konkavität der Auflagefläche für den Malleolus medialis. Sie verläuft annähernd parallel zur Führungsrinne auf der Facies superior. Daraus resultiert im oberen Sprunggelenk neben den regelhaften Scharnierbewegungen im Sinne einer Fußhebung und -senkung außerdem eine „versteckte“ Rotation. Durch die bogenförmige Nut auf der Rolle des Sprungbeins gelenkt und an der medialen Rollenwange geführt, dreht sich der Talus bei einer Plantarflexion supinatorisch nach medial und innen. Dabei wird der Taluskopf in die Gelenkpfanne am Os naviculare regelrecht „hineingeschraubt“. Während der Dorsalflexion laufen die umgekehrten Bewegungsvorgänge ab.

Das untere Sprunggelenk besteht anatomisch aus zwei getrennten Kammern, die jedoch funktionell eine Einheit bilden. Die hintere Kammer, Articulatio subtalaris, weist zwei korrespondierende Flächenzonen am Talus und Calcaneus auf. Die vordere Kammer, Articulatio talocalcaneonavicularis, enthält in der Regel sechs Flächenabschnitte, die am Talus, Calcaneus und Os naviculare ausgebildet sind. Als akzessorische Gelenkfläche kann man ein Knorpelareal an der Unterseite des Taluskopfes auffassen, das der Fibrocartilago navicularis innen anliegt.

Die Gelenkflächen der hinteren Abteilung des unteren Sprunggelenkes sind schräg zu den Längsachsen der proximalen Fußwurzelknochen orientiert und etwas nach vorn geneigt. Die talare Artikulationsfläche ist parallel zur Längsausdehnung konkav gekrümmt und weicht im Winkel von 44,1° von der Trochlealängsachse ab. Ihre Längen- und Breitenwerte verhalten sich wie 3:2, ohne daß gesicherte Seitenunterschiede festgestellt werden können. Parallel zur Längsachse ist die hintere Gelenkfläche am Calcaneus konvex gekrümmt. Im Bereich der größten Breite erscheint sie dagegen konkav ausgestellt, so daß zumindest in diesem Bezirk eine sattelähnliche Form entsteht. Ihr medialer Rand steht etwa 14 mm höher als der laterale, während die Längsachse der Gelenkfläche in einem nach hinten offenen spitzen Winkel von 39,4° gegenüber der Calcaneuslängsachse abweicht. Signifikante Seitenunterschiede sind ebenfalls nicht nachweisbar.

Die vordere Abteilung des unteren Sprunggelenkes besitzt entgegengesetzt gekrümmte, kleinere Knorpelflächen im medialen Bereich von Talushals und -kopf sowie an der Oberseite des Sustentaculum tali und der vorderen Oberfläche des Calcaneus. Der schräg gestellte Taluskopf artikuliert mit seiner Facies articularis navicularis mit der korrespondierenden Facies articularis posterior ossis navicularis.

Die talaren Artikulationsflächen der vorderen Sprunggelenkabteilung können vielfach nicht exakt gegeneinander abgegrenzt werden. Ihre Längsachsen schneiden sich in verschiedenen Winkeln.

Korrespondierende Gelenkflächen am Calcaneus besitzen einen Höhenunterschied vom hinteren zum vorderen Knorpelrand von 13,5 mm. Sehr häufig sind beide Gelenkflächen durch eine schmale Knorpelbrücke „sandalenförmig“ verschmolzen. In 32% fehlt die mittlere Fläche.

Die am Taluskopf gelegene Facies articularis navicularis ist konvex gekrümmt und gestattet mit ihrer Längsachse die Bestimmung eines Torsionswinkels des Caput tali, der im Mittel 42° beträgt. Länge und Breite der Stirnfläche des Taluskopfes verhalten sich ebenfalls wie 3:2.

Als kleinster der am Aufbau der Sprunggelenke beteiligten Knochen ist das Os naviculare durch seinen Einbau in das Fußskelett mehr breiten- als höhenbetont. Die Facies articularis posterior ossis navicularis ist in allen Richtungen des Raumes konkav gekrümmt. In der Längsausdehnung ist sie geringfügig kleiner, in der Breite dagegen etwas größer als die korrespondierende Facies articularis navicularis tali.

Die konkave Krümmung der hinteren unteren Talusgelenkfläche ist parallel zum Längsdurchmesser nicht stetig. Unter Andeutung einer spiraligen Aufrollung werden die Krümmungsradien von lateral nach medial kleiner. Außerdem nehmen die Krümmungshalbmesser von vorn nach hinten ebenfalls ab. Parallel zur Breite ist die Gelenkfläche flach oder manchmal etwas wellenförmig konturiert.

Die konvex gestalteten Artikulationsflächen der hinteren unteren Sprunggelenkabteilung sind am Calcaneus etwas stärker gekrümmt als die zugehörigen Talusgelenkflächen. Auch sie sind andeutungsweise spiralig aufgerollt, wobei die stärkere Krümmung ebenfalls medial gelegen ist.

Die Schnittprofile der vorderen unteren Sprunggelenkabschnitte sind parallel zu ihren Längsachsen ebenfalls konvex oder konkav ausgebogen. Parallel zur größten Breite sind dagegen alle vier Gelenkflächen ohne besonders auffällige Krümmung. Die Gelenkfläche an der Stirnseite des Taluskopfes (Facies articularis navicularis) ist von allen Seiten betrachtet konvex gekrümmt. Parallel zur größten Breite sind die Krümmungsradien allerdings kleiner als in Längsrichtung. Im Variationsbild sind andeutungsweise sogar spiralförmige Krümmungen zu erkennen, die durch die Torsion des Taluskopfes erzwungen sind.

Am regelmäßigsten von allen größeren Sprunggelenkflächen ist die Facies articularis posterior ossis navicularis gestaltet. Sie ist in allen Richtungen des Raumes ohne deutliche Krümmungsveränderungen konkav ausgestaltet. Im Gegensatz zum oberen sind die Bewegungen im unteren Sprunggelenk verwickelter. Durch Schwenkung und

Neigung der subtalaren Fußabschnitte finden bei Inversion (Supination) gegenüber der Unterseite des Talus gleichzeitig Adduktionsbewegungen statt. Dabei öffnet sich der Sinus tarsi lateral und der Canalis tarsi wird medial verengt. Bei vielen Menschen kann außerdem eine geradlinige Verschiebung nach vorn im Sinne eines „schraubenartigen" Gleitvorganges angenommen werden. Die Bewegungen im oberen und unteren Sprunggelenk verlaufen zwangsweise gekoppelt. Während in der Articulatio talocruralis neben Heben und Senken des Fußes rotatorische Komponenten im Sinne von Pro- und Supination beobachtet werden, schließen sich im unteren Sprunggelenk Eversion-Abduktion bzw. Inversion-Adduktion der subtalaren Fußabschnitte an.

Eine gedankliche Trennung von Darstellungen der Funktionsabläufe in beiden Sprunggelenken wird den tatsächlich stattfindenden, zwangsläufig kombinierten Bewegungen zwischen Unterschenkel und Fuß nicht gerecht. Bewegungen im oberen Sprunggelenk führen über den zwischengeschalteten Talus unvermeidlich zu fortlaufenden Raumveränderungen der subtalaren Fußknochen. Durch gegenseitige Beeinflussung aneinander gleitender Sprunggelenkkörper wird durch Flächenführung sowie durch straffe Verkoppelung mit Hilfe cruro-tarsaler Bandapparate eine optimale räumliche Orientierung gewährleistet.

Stereometrisch ideal geformte Gelenkkörper sind im Bereich der menschlichen Sprunggelenke nicht mit ausreichender Sicherheit nachzuweisen. Die Bestimmung von Gelenkflächenumrissen und Krümmungsprofilen ergab eine Vielzahl von Variationen, die für weitere einfache mathematische Berechnungen von Krümmungen nicht geeignet erschienen.

5 Summary

Articular Surfaces of the Human Ankle and Subtalar Joints

The ankle and subtalar joints in man are located at the distal end of the shank and between proximal tarsal bones. They are remarkable in the human locomotor apparatus in that they support the body when standing erect and during unimpeded locomotion. During evolution, changes in form and function have appeared, especially on the articular surfaces of both ankle and subtalar joints. These qualitative evolutional changes have long since been noted and described in both anatomical and anthropological literature. Yet, quantitative data have been published only in limited amounts. Therefore, on the basis of 105 different measurements, we have investigated osteometrically all the bones that build up the two ankle and subtalar joints. For our measurements we used macerated right and left single bones, assembled foot skeletons and cadaver specimens made from the feet of adults of both sexes. For the first time we have recorded the characteristics of these joint surfaces in a series of comprehensive measurements and have analysed them statistically. Profiles of curvatures of the articulating bodies were investigated with a new method of modelling using an elastomer material based on silicon rubber. We have also checked for possible variations.

The talocrural joint has six articular surfaces located at the distal end of the tibia and on the inside of the tibial and fibular malleolus, forming the inner surfaces of the malleoli and the ankle mortise.

Corresponding joint surfaces are located on the trochlea tali and the superior surface, respectively the medial and lateral malleolar facets. The socket of the talocrural joint opens into a gap with variable width between distal segments of the tibia and fibula (recessus tibiofibularis).

This gap includes a synovial fold, which moves during ankle joint motion. The tibiofibular syndesmosis functionally also belongs to the discontinuous osseous junction between shank and foot. This junction is also secured with strong tibiofibular ligaments and with the crural interosseous membrane which fastens the distal bony elements of both tibia and fibula.

Cartilaginous areas of the ankle joint are not congruent in their surface outlines. The bearing surface of the trochlea is about 30% longer than the corresponding surface on the tibia ceiling, parallel to its linear expansion. On the other hand, parallel to the width of the ankle surfaces, there are only a few minor differences. Right- or left-related differences of the middle length and middle breadth of the mortise in macerated and cadaver specimens are not regularly distributed. On the contrary, between the maximal length and breadth of the distal tibial epiphysis and also between sizes of articulating surfaces of the mortise in the same direction there is a significant linear correlation.

The articular surfaces of the tibial and fibular malleolus also do not consist of congruent surface outlines. The tibial articulating surface of the malleolus is accentuated in breadth, while the fibular articulating surface of the molleolus is accentuated in height. Yet, in comparison to the malleolar surface of the talus, there are still remarkable conformities in the surface patterns.

The superior surface of the human trochlea tali does not exist as an axially symmetrical outline figure. Medial to the long axis of the trochlea it becomes remarkably smaller than laterally. Near the collum tali the superior surface is much wider than at the cartilaginous border near the posterior process of the tali.

The upper surface of the trochlea has an arched guiding groove which is opened medially. The corresponding ridge of the distal articular surface glides in it. Length and mean breadth of the trochlea tali are linearly related to the length and breadth of the talus. The greatest length of the upper surface of the trochlea is equivalent to 63% of the mean length of the talus. The greatest breadth of the middle area of the upper surface of the trochlea tali is equivalent to about 69% of the greatest breadth of the talus.

In the macerated tali, significant right-left differences for length and breadth of the upper surface of the trochlea could not be computed. In cadaver specimens the breadth of the right trochlea increased significantly, as did the posterior breadth of the upper surface of the trochlea. Compared with this the anterior and middle breadth of the trochlea of the cadaver specimens has no significant right-left differences.

The lateral malleolar surfaces of the trochlea describe a standing upright but rounded triangle and show a concave curvature. It is accentuated in height. The medial malleolar surface of the trochlea looks like a lying comma. The belly of the comma faces the collum tali and is accentuated in breadth.

Between the upper surface and the lateral malleolar facet there is a small accessory joint surface (facies articularis intermedia posterior) which is triangular and inclined. It appears in all of the tali after humid preparation and could be demonstrated in 87% of the macerated tali. It originates from the sliding contact of the posterior tibiofibular ligament. In about 30% of the tali after humid preparation, the anterior and lateral region of the trochlea tali also shows a small triangular accessory joint surface (facies articularis intermedia anterior), which originates from the sliding contact of the anterior tibiofibular ligament.

Differences in the heights of the trochlea tali could be subdivided into three groups: In 77% the medial margin of the upper surface was much higher than the lateral one. In 17% the lateral margin lifted above the level of the medial one. In 6% both margins of the trochlea were at the same level.

There are only slight differences in the curvature of the articular surfaces of the ankle joint, when one disregards the fact that when sagittally viewed the tibia joint surface appears concave, while the upper surface of the talus appears convex. Upon sagittal cutting, the profile of the mortise shows outlines resembling a simple circular arch. The upper surface of the trochlea, on both sides of the margins, is spirally curved in the sagittal direction.

When cuts were made in a frontal direction on casts of ankle joints, one was able to see distinctly a well-defined convex cam groove on the tibial side, corresponding to the arch-shaped concave groove on the upper surface of the trochlea tali.

Corresponding articular surfaces of the lateral malleolar joints are chipped off by the bearing surfaces of the tibia and talus and achieve a rectangular shape. The chipping off of the corresponding surfaces of the medial malleolar joints achieves more of an obtuse angle. On the anterior and posterior sides the chipping off is more flattened, while in the middle zone it occurs more steeply. On the talus the change in angle corresponds to a concavity of the bearing area of the medial malleolus. This concavity runs approximately parallel to the cam groove on the upper surface on the trochlea.

As a result of this, besides the normal hinge motion (i.e. elevation and inclination of the foot), a "covert" rotation in the ankle joint occurs on the other side. The talus rotates during a plantar flexion with a supination medially and to the inside. The turn of the caput tali is about 15° to the longitudinal axis of the foot. Led by the arch-shaped cam groove on the upper side of the trochlea surface, the talus is guided on the medial malleoli joint. The caput tali moves like a screw into the socket of the subtalar joint; during dorsal flexion this procedure is reversed.

The subtalar joint consists of two separated compartments, both constituting a functional unit. The posterior compartment (articulatio subtalaris) has two corresponding surface areas on the talus and calcaneus. The anterior compartment (articulatio talocalcaneonavicularis) generally includes six surface areas on the talus and calaneus, in addition to the navicular bone. On the under surface of the caput tali there is a cartilaginous area which is an accessory articular surface adjacent to the inside of the navicular fibrocartilago.

The articular surfaces of the posterior compartment of the subtalar joint are orientated obliquely to the longitudinal axes of the proximal tarsal bones and are somewhat inclined. The articular surface area is concave, parallel to its longitudinal axis, and deviates 44,1° from the longitudinal axis of the trochlea. The ratio their length to breadth is 3:2; they have no significant side differences. The posterior articular surface area of the calcaneus is convexly curved, parallel to its longitudinal axis. At its greatest breadth the area is then concave. In this zone, therefore, one finds a saddle-shaped form.

The medial rim is about 14 mm more prominent than the lateral one. The longitudinal axis of the articular surface deviates against the longitudinal axis of the calcaneus with an acute angle of 39,4°, which opens posteriorly. Significant side differences are again not evident.

The anterior compartment of the subtalar joint shows smaller, more curved cartilaginous areas on the medial region of the caput and collum tali, as well as on the upper side of the sustentaculum tali and the anterior surface of the calcaneus. The obliquely positioned caput tali articulates with its navicular joint surface in front of the corresponding talar joint surface of the navicular bone.

The talar articular surfaces of the anterior compartment of the subtalar joint in many cases do not abut each other exactly. Their longitudinal axes meet at various angles.

Corresponding articular surfaces at the calcaneus make visible a difference in height from the posterior to the anterior rim of about 13,5 mm. Very often both articular surfaces fuse to a small gristle bridge which is "sandal-shaped". The medial surface is absent about 32% of the time.

The navicular joint surface at the front side of the caput tali is convex. In its longitudinal axis the caput tali shows a mean torsion angle of 42°. Ratio of length to breadth of the frontal area of the caput tali is 3:2.

The smallest bone in the subtalar joint is the navicular, which is much more accentuated in breadth than in height. The posterior surface of the navicular bone is concave in all directions. In its range of length it is minimal. Its range of breadth is slightly larger than the corresponding navicular joint surface on the talus.

The concave curvature of the postero-inferior articular surface of the talus is parallel to its longitudinal diameter, not constant. With the hint of a spiral, the radius of curvature becomes smaller from the lateral to the medial side. Apart from this the radii of curvatures also become smaller from front to back. The articular surface is seen as flat or sometimes undulating parallel to the breadth.

The convex articular surfaces of the posterior compartment of the subtalar joint are much more strongly curved than the corresponding articular surfaces on the talus. They are slightly spirally coiled, with the greatest curvature on the medial side.

The profiles of the anterior compartments of the subtalar joint are also convex or concave parallel to their longitudinal axes. On the other hand, the articular surfaces are without any remarkable curvature parallel to their greatest breadth.

On the front side of the caput tali (facies articularis navicularis), the articular surface is convex when viewed from all directions. The radii of curvatures are much more smaller parallel to their greatest breadth than they are parallel to their greatest length. In the variation diagram slight spirals are visible, which originate from the torsion of the caput tali.

The posterior articular surface of the navicular bone, compared with the other expansive articular surfaces of both ankle and subtalar joints, is much more regular. It is concave with no change of its curvature in any direction.

In comparison to the ankle joint, the motions of the subtalar joint are much more complicated. Upon inclination and rotation opposite to the bottom side of the talus, the subtalar foot plate simultaneously impletes an adducting motion by inversion (supination). In this case the sinus tarsi opens laterally, and the canalis tarsi is medially straitened. A straight-lined forwards shifting, in the sense of a "screw-like" sliding phenomenon, can be assumed.

The movements at the ankle and subtalar joints are forcibly coupled. In the talocrural joint one can observe, in addition to lifting and sinking, rotatory components in the sense of pronation and supination. In the subtalar joint, eversion – abduction and inversion – adduction of the distal foot plate are notable. A mental separation of the descriptions of the functional results in both the ankle and subtalar joints is not recommended, in that the coupled motions between shank and foot are not to be ignored. Movements in the talocrural joint automatically direct the interposed talus to successive orientative changes of the subtalar bones of the foot.

To achieve an optimal three-dimensional orientation, one must view the reciprocal action of influences the ankle and subtalar joint surfaces exert when sliding against each other. With the surface guide and the tight coupling of the cruro-tarsal ligament systems the orientation will be inforced.

In the human ankle and subtalar joints, perfectly constructed stereometrical parts of the articulations are not evident with sufficient certainty. The approximations of joint surface outlines and profiles of their curvatures show a plurality of variations and therefore are not appropriate for further simple mathematical calculations of curvatures.

Literatur

Adachi B (1905) Die Fußknochen der Japaner. Mitt Med Fak Tokyo 6:307–344

Albert E (1900) Die Architektur des menschlichen Talus. Wien Klin Rdsch 10:1–10

Albert E (1900) Die Architektur des menschlichen Fersenbeines. Wien Med Presse 1:1–14

Amtmann E (1978) Allgemeine Gelenklehre, Arthrologie. In: Staubesand J (Hrsg). Benninghoff/ Goerttler Lehrbuch der Anatomie des Menschen, Bd I, 12. Aufl. Urban und Schwarzenberg, München Berlin Wien, pp. 226–237

Amtmann E, Amtmann R (1965) Über den Sexualdimorphismus bei den Waldmausarten Apodemus sylvaticus L. und Apodemus flavicollis MELCHIOR. Mitt Zool Mus Berlin 41:341–350

Amtmann E, Schmitt HP (1968) Über die Verteilung der Corticalisdichte im menschlichen Femurschaft und ihre Bedeutung für die Bestimmung der Knochenfestigkeit. Z Anat Entwickl Gesch 127:25–40

Anderson M, Messner WT, Green WT (1964) Distribution of lengths of the normal femur and tibia in children from one to eighteen years of age. J Bone Joint Surg [Am] 46:1197–1202

Arnold G, Lang J (1969) Maße des Schädels, Korrelation von Leitungsbahnen und Beispiele ihrer praktischen Bedeutung. Acta Anat (Basel) 73:98–108

Barnett CH, Napier JR (1952) The axis of rotation at the ankle joint in man. Its influence upon the form of the talus and the mobility of the fibula. J Anat 86:1–9

Boegle C (1893) Die Entstehung und Verhütung der Fuß-Abnormitäten auf Grund einer neuen Auffassung des Baues und der Bewegungen des normalen Fußes. Lehmann, München Leipzig

Braus H (1918) Über das Sprunggelenk. Münch Med Wochenschr 30:826–827

Braus H, Elze C (1954) Anatomie des Menschen, Bd I, 3. Aufl. Springer, Berlin Göttingen Heidelberg

Bunning PSC, Barnett CH (1965) A comparison of adult and foetal talocalcaneal articulations. J Anat 99:71–76

Clark AE (1877) The ankle joint of man. Wyss, Bern

Close JR, Inman VT (1953) The action of the subtalar joint. Prosth Dev Res Proj, Univ Calif, Berkeley Ser II, Issue 24:1–19

Dönitz A (1903) Die Mechanik der Fußwurzel. Med Inaug-Dissertation, Berlin

Du Bois-Reymond R (1903) Spezielle Muskelphysiologie und Bewegungslehre. Hirschwald, Berlin

Eickstedt E v (1931) Untersuchungen an philippinischen Negritoskeletten. Ein Beitrag zum Pygmäenproblem und zur osteomorphologischen Methodik. Z Morphol Anthropol 29:307–464

Elftman H (1969) Dynamic structure of the human foot. Artif Limbs 13:49–58

Farrally MR, Moore WJ (1975) Anatomical differences in the femur and tibia between negroids and caucasoids and their effect upon locomotion. Am J Phys Anthropol 43:63–70

Fawcett E (1895) Two undescribed facets on the astragalus. Edinb med J 479:987–990

Fick R (1904) Handbuch der Anatomie und Mechanik der Gelenke, 1. Teil: Anatomie der Gelenke. In: Bardeleben K v (Hrsg) pp. 405–444. Fischer, Jena (Handbuch der Anatomie des Menschen)

Fick R (1911) Handbuch der Anatomie und Mechanik der Gelenke, 3. Teil: Spezielle Gelenk- und Muskelmechanik. In: Bardeleben K v (Hrsg) pp. 596–631. Fischer, Jena (Handbuch der Anatomie des Menschen)

Fick R (1931) Über die Bewegungen und die Muskelarbeit an den Sprunggelenken des Menschen. Sitz-Ber Preuss Akad Wiss Phys-Math Kl Berlin 23:1–39

Forster A (1926) Possibilité d'adaptation de l'astragale aux exigences de la statique du pied dans la série des mammifères. Arch Anat Histol Embryol (Strasb) 5:141–159

Gay R, Evrard J (1963) Les fractures du pilon tibial chez l'adulte. Rev Chir Orthop 49:397–512

Gindhart PS (1973) Growth standards for the tibia and radius in children aged one month through eighteen years. Am J Phys Anthropol 39:41–48

Hall MC (1959) The normal movement at the subtalar joint. Can J Surg 2:287–290

Harnisch O (1925) Vergleichende Studien an Fersenbeinen von Australiern und Europäern. Z Anat Entwickl Gesch 76:463–496

Haseloff OW, Hoffmann HJ (1970) Kleines Lehrbuch der Statistik. de Gruyter, Berlin

Henke PhJW (1863) Handbuch der Anatomie und Mechanik der Gelenke mit Rücksicht auf Luxationen und Contracturen. Winter, Leipzig Heidelberg

Henke PhJW, Reyher C (1874) Studie über die Entwicklung der Extremitäten des Menschen, insbesondere der Gelenkflächen. Sitz-Ber k Akad Wiss, III. Abt 70:1–57
Henkel A (1914) Neue Beobachtungen über Bau und Funktion des menschlichen Fußes. Verh Anat Ges 46:137–154
Henle J (1871) Handbuch der Knochenlehre des Menschen. Vieweg, Braunschweig
Hewlett-Packard (1973) Calculator 9810 A Stat Pac Vol No 1. Calculator Prod Div, Loveland (USA)
Hicks JH (1953) The mechanics of the foot. I. The joints. J Anat 87:345–357
His W (1895) Die anatomische Nomenclatur (Nomina anatomica). Arch Anat Physiol (Anat Abt Suppl) 1895:1–180
Hochstetter A v (1953) Ein Fall von „Articulus talotarsalis communis". Anat Anz 99:337–342
Hueter C (1871) Klinik der Gelenkkrankheiten mit Einschluß der Orthopädie. Vogel, Leipzig
Huson A (1961) Een ontleedkundig-functioneel onderzoek van de voetwortel. Luctor et Emergo, Leiden
Huson A (1974) The human tarsus as a closed cinematic chain. J Anat 119:412–413
Inkster RG (1927) The form of the talus. Thesis, Edinburgh
Inman VT (1976) The joints of the ankle. Williams and Wilkins, Baltimore
Isman RE, Inman VT (1969) Anthropometric studies of the human foot and ankle. Bull Prosthet Res 10–11:97–129
Kaschel E (1921) Das Sprungbein des Australiers verglichen mit dem des Europäers. Z Anat Entwickl Gesch 61:191–230
Kurz E (1922) Untersuchungen über das Extremitätenskelett des Chinesen. Z Anat Entwickl Gesch 66:465–557
Laidlaw PP (1904) The varieties of the os calcis. J Anat 38:133–143
Laidlaw PP (1904) The os calcis. J Anat 39:161–177
Langelaan EJ van (1978) A determination of discrete axes for the tarsal joints. J Anat 126:429–430
Langelaan EJ v, Spoor CW, Huson A (1974) A kinematical analysis of the tarsal joints. J Anat 117: 650
Langer K (1856) Über das Sprunggelenk der Säugethiere und des Menschen. Denkschr Math-Naturw Cl k Akad Wien 12:1–20
Lanz T v, Wachsmuth W (1938) Praktische Anatomie, I, 4: Bein und Statik. Springer, Berlin
Lanz T v, Wachsmuth W (Hrsg) (1972) Praktische Anatomie, I, 4: Bein und Statik. Springer Berlin Heidelberg New York
Lapidus PW (1955) Subtalar joint, its anatomy and mechanics. Bull Hosp Joint Dis 16:179–195
Lazarus SP (1896) Zur Morphologie des Fußskelettes. Morph Jb 24:1–166
Linder A (1960) Statistische Methoden. Birkhäuser, Basel Stuttgart
Lucae JChG (1864/65) Die Hand und der Fuß. Ein Beitrag zur vergleichenden Osteologie der Menschen, Affen und Beutelthiere. Abh Senckenberg Naturforsch Ges 8:275–332
Luschka H v (1865) Die Anatomie der Glieder des Menschen. Laupp, Tübingen
MacConaill MA (1945) The postural mechanism of the human foot. Proc Roy Irish Acad 50B: 265–278
MacConaill MA (1953) The movements of bones and joints. 5. The significance of shape. J Bone Joint Surg [Br] 35:290–297
MacConaill MA, Basmajian JV (1969) Muscles and movements. Williams and Wilkins, Baltimore
Manners-Smith T (1907) A study of the navicular in the human and anthropoid foot. J Anat Physiol 51:255–279
Manter JT (1941) Movements of the subtalar and transverse tarsal joints. Anat Rec 80:388–410
Martin R, Saller K (1957) Lehrbuch der Anthropologie, Bd I. Fischer, Stuttgart
Martin R, Saller K (1959) Lehrbuch der Anthropologie, Bd II. Fischer, Stuttgart
Meyer GH v (1873) Die Statik und Mechanik des menschlichen Knochengerüstes. Engelmann, Leipzig
Morton DJ (1924) Mechanism of the normal foot and of flat foot. J Bone Joint Surg 22:368–406
Morton DJ (1924) Evolution of the human foot. Am J Phys Anthropol 7:1–51
Nomina Anatomica (1977) 4th edn. Excerpta Medica, Amsterdam Oxford
Olivier G, Olivier C (1963) Mécanique articulaire. Vigot Frères, Paris
Pfitzner W (1896) Beiträge zur Kenntniss des menschlichen Extremitätenskelets. VII. Die Variationen im Aufbau des Fussskelets. Morph Arb 6:245–527
Poniatowski S (1915) Beitrag zur Anthropologie des Sprungbeins. Arch Anthropol 41:1–32
Poirier P, Charpy A (1931) Traité d'anatomie humaine. Tome 1. Masson, Paris

Pütz H (1876) Beiträge zur Anatomie und Physiologie des Sprunggelenkes. Med Inaug-Dissertation, Bern

Reicher M (1913) Beitrag zur Anthropologie des Calcaneus. Arch Anthropol NF 12:108–133

Riede UN, Heitz Ph, Ruedi Th (1971) Gelenkmechanische Untersuchungen zum Problem der posttraumatischen Arthrosen im oberen Sprunggelenk. II. Einfluß der Talusform auf die Biomechanik des oberen Sprunggelenkes. Langenbecks Arch Chir 330:174–184

Riede UN, Müller M, Mihatsch MJ (1973) Biometrische Untersuchungen zum Arthroseproblem am Beispiel des oberen Sprunggelenkes. Arch Orthop Unfallchir 77:181–194

Rigaud A, Soutoul JH, Bonjean P (1961) La signification du biseau astragalien et ses rapports avec le degré de torsion tibio-péronière. Arch Anat Pathol (Paris) 9:107–110

Root ML, Weed JH, Sgarlato TE, Bluth DR (1966) Axis of motion of the subtalar joint. Am Podiatr Assoc 56:149–155

Sachers W (1949) Die Form des Fersenbeines und ihre Beziehung zu den Fußtypen. Arch Orthop Unfallchir 44:226–234

Sachs L (1975) Angewandte Statistik. Springer, Berlin Heidelberg New York

Schenk R (1978) Anatomie des oberen Sprunggelenkes. In: Verletzungen des oberen Sprunggelenkes. Unfallheilkunde 131:1–9

Schmidt HM (1976) Gelenkflächenform und Spaltlinienbild der Trochlea tali. Verh Anat Ges 70: 621–626

Schmidt HM (1978) Untersuchungen über die Form der unteren Sprunggelenkflächen beim Menschen. Verh Anat Ges 72:449–451

Schmidt HM (1978) Gestalt und Befestigung der Bandsysteme im Sinus und Canalis tarsi des Menschen. Acta Anat (Basel) 102:184–194

Schmidt HM, Dahm P (1977) Die postnatale Entwicklung des menschlichen Os temporale, Teil 1. Morphol Jb 123:484–513

Sewell RBS (1904) A study of the astragalus. J Anat Physiol 38:233–247

Shepard E (1951) Tarsal movements. J Bone Joint Surg [Br] 33:258–263

Simpson GG, Roe A, Lewontin RC (1960) Quantitative zoology. Harcourt, Brace and World, New York

Stanislaus R (1976) Zum Problem der Bestimmung von Gelenkflächenkrümmungen. Verh Anat Ges 70:615–620

Steele DG (1976) The estimation of sex on the basis of the talus and calcaneus. Am J Phys Anthropol 45:581–588

Strasser H (1917) Lehrbuch der Muskel- und Gelenkmechanik, Bd III. Springer, Berlin

Testut L (1889) Traité d'anatomie humaine. Tome 1. Octave Doin, Paris

Volkmann R v (1975) Übersehenes und Verkanntes am anatomischen Substrat der Senkfußentstehung. Z Orthop 113:229–236

Volkov Th (1903/04) Les variations squelettiques du pied chez les primates et dans les races humaines. Tome 4 et 5. Bull Mem Soc d'Anthropol Paris

Weber E (1961) Grundriß der biologischen Statistik. Fischer, Jena

Weber W, Weber E (1836) Mechanik der menschlichen Gehwerkzeuge. Dieterich, Göttingen

Weidenreich F (1921) Der Menschenfuß. Z Morph Anthropol 22:51–282

Weinert CR, McMaster JH, Ferguson RJ (1973) Dynamic function of the human fibula. Am J Anat 138:145–150

Wright DG, Desai SM, Henderson WH (1964) Action of the subtalar and ankle-joint complex during the stance phase of walking. J Bone Joint Surg [Am] 46:361–382

Sachverzeichnis

Other Reviews of Interest in this Series

Volume 57

Niimi, K., Matsuoka, H.: Thalamocortical Organization of the Auditory System in the Cat Studied by Retrograde Axonal Transport of Horseradish Peroxidase.
30 figures. X, 56 pages. 1979.
ISBN 3-540-09449-0

Volume 58

Verwoerd, C.D.A., van Oostrom, C.G.: Cephalic Neural Crest and Placodes.
41 figures. VI, 75 pages. 1979.
ISBN 3-540-09608-6

Volume 59

Bär, T.: The Vascular System of the Cerebral Cortex.
33 figures. VI, 60 pages. 1980.
ISBN 3-540-09652-3

Volume 60

Hildebrand, R.: Nuclear Volume and Cellular Metabolism.
12 figures. VII, 54 pages. 1980.
ISBN 3-540-09796-1

Volume 61

Korr, H.: Proliferation of Different Cell Types in the Brain.
21 figures. VII, 72 pages. 1980.
ISBN 3-540-09899-2

Volume 62

Brown Gould, B.: Organization of Afferents from the Brain Stem Nuclei to the Cerebellar Cortex in the Cat.
10 figures. VIII, 90 pages. 1980.
ISBN 3-540-09960-3

Volume 63

Rager, G.H.: Development of the Retinotectal Projection in the Chicken.
66 figures. VII, 94 pages. 1980.
ISBN 3-540-10121-7

Volume 64

Brodal, A., Kawamura, K.: Olivocerebellar Projection: A Review.
45 figures. VII, 140 pages. 1980.
ISBN 3-540-10305-8

Volume 65

Pannese, E.: Satellite Cells of the Sensory Ganglia.
30 figures. IX, 111 pages. 1981.
ISBN 3-540-10219-1

Springer-Verlag Berlin Heidelberg New York

Hefte zur Unfallheilkunde

Beihefte zur Zeitschrift „Unfallheilkunde/Traumatology"
Herausgeber: J. Rehn, L. Schweiberer

Eine Auswahl:

120. Heft
Knochenverletzungen im Kniebereich
1975. DM 36,–
ISBN 3-540-07200-4

125. Heft
Bandverletzungen am Knie
1975. DM 36,–
ISBN 3-540-07374-4

127. Heft
Knorpelschaden am Knie
1976. DM 48,–
ISBN 3-540-07599-2

131. Heft
Verletzungen des Sprunggelenkes
1978. DM 56,–
ISBN 3-540-08599-8

133. Heft
Arthrose und Instabilität am oberen Sprunggelenk
1978. DM 58,–
ISBN 3-540-08970-5

137. Heft: H. Jahna, H. Wittich, H. Hartenstein
Der distale Stauchungsbruch der Tibia
1979. DM 58,–
ISBN 3-540-09435-0

140. Heft
Frakturen und Luxationen im Beckenbereich
1979. DM 56,–
ISBN 3-540-09647-7

142. Heft: P. Hertel
Frische Kniebandverletzungen
1980. DM 40,–
ISBN 3-540-09847-X

147. Heft: L.-J. Lugger, Innsbruck
Der Wadenbeinschaft
1980. DM 38,–
ISBN 3-540-10421-6

149. Heft
Verletzungen der Wirbelsäule
1980. DM 64,–
ISBN 3-540-10202-7

Springer-Verlag
Berlin
Heidelberg
New York

Hefte zur Unfallheilkunde

Beihefte zur Zeitschrift „Unfallheilkunde/Traumatology"
Herausgeber: J. Rehn, L. Schweiberer

Eine Auswahl:

120. Heft
Knochenverletzungen im Kniebereich
1975. DM 36,–
ISBN 3-540-07200-4

125. Heft
Bandverletzungen am Knie
1975. DM 36,–
ISBN 3-540-07374-4

127. Heft
Knorpelschaden am Knie
1976. DM 48,–
ISBN 3-540-07599-2

131. Heft
Verletzungen des Sprunggelenkes
1978. DM 56,–
ISBN 3-540-08599-8

133. Heft
Arthrose und Instabilität am oberen Sprunggelenk
1978. DM 58,–
ISBN 3-540-08970-5

137. Heft: H. Jahna, H. Wittich, H. Hartenstein
Der distale Stauchungsbruch der Tibia
1979. DM 58,–
ISBN 3-540-09435-0

140. Heft
Frakturen und Luxationen im Beckenbereich
1979. DM 56,–
ISBN 3-540-09647-7

142. Heft: P. Hertel
Frische Kniebandverletzungen
1980. DM 40,–
ISBN 3-540-09847-X

147. Heft: L.-J. Lugger, Innsbruck
Der Wadenbeinschaft
1980. DM 38,–
ISBN 3-540-10421-6

149. Heft
Verletzungen der Wirbelsäule
1980. DM 64,–
ISBN 3-540-10202-7